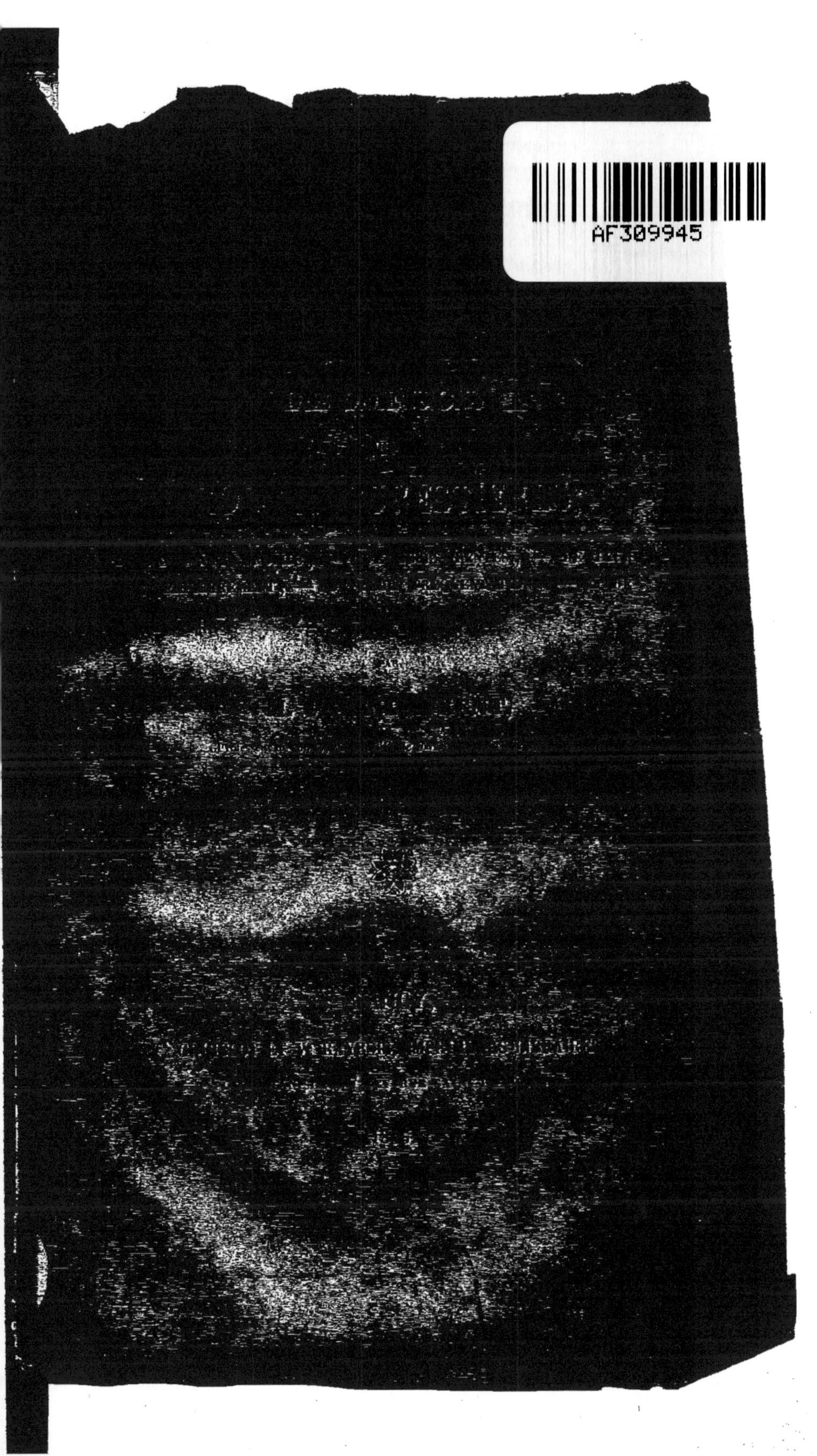

ROUTES FORESTIÈRES.

Nancy, Imprimerie de veuve Raybois et comp.

ROUTES FORESTIÈRES.

DES DIMENSIONS

DES

ROUTES FORESTIÈRES,

DE LEURS PROFILS, — DE LEURS PENTES, — DE LEUR EMPIERREMENT, — DE LEUR FRÉQUENTATION, — ET DE LEUR ENTRETIEN,

PAR

M. PAUL LAURENT,

Professeur de constructions à l'École royale Forestière de Nancy

NANCY,

GRIMBLOT ET Vᵉ RAYBOIS, IMPRIMEURS-LIBRAIRES,

PLACE STANISLAS, 7, ET RUE SAINT-DIZIER, 125.

1846.

DES

ROUTES FORESTIÈRES.

PREMIÈRE PARTIE.

CHAPITRE PREMIER.

§ I.

DU TRANSPORT DES BOIS, EN GÉNÉRAL.

La valeur des bois sur pied dépend beaucoup de la position géographique des lieux d'où on les tire.

Tout le monde sait, en effet, que leur prix est plus élevé à mesure qu'on s'approche des grandes villes, et cette différence ne tient pas seulement aux distances linéaires qu'il faut parcourir pour les faire arriver à ces grands foyers de consommation, elle est aussi une conséquence du plus ou moins de difficultés que présente leur transport. Il résulte de là que tous les moyens qu'on pourra mettre en œuvre pour atténuer ces difficultés, augmenteront la valeur commerciale des bois. Ainsi, par exemple, les belles forêts de pin laricio de l'Ile-de-Corse, et aussi un bon nombre de celles qu'on rencontre dans l'intérieur de la France, dans les montagnes des Vosges, par exemple, n'ont encore aujourd'hui qu'une faible valeur dans des contrées plus ou moins privées de routes forestières, tandis qu'ailleurs, dans le pays de Bade, par exemple, les moyens de transport sont complétement organisés, depuis les montagnes de la forêt Noire jusqu'au Rhin, qui exporte au loin et avec économie tous les bois qui ne peuvent être consommés dans ce pays.

On conçoit donc que toutes les fois que l'administration forestière pourra diminuer les frais du transport des bois, il en résultera une amélioration notable; car, en définitive, ces frais sont supportés par le trésor, et par conséquent par les contribuables.

Or, la France est sillonnée, dans un grand nombre de directions différentes, par des rivières, des ruisseaux, des canaux et par des routes royales, départementales et vicinales, qui établissent des rapports faciles entre les diverses parties du territoire. Tous les jours même, nous voyons ces ramifications recevoir des augmentations et des perfectionnements nombreux et l'administration forestière, trouvant ces communications établies, cherche à en profiter dans son intérêt particulier, en mettant le plus possible le sol des forêts en rapport avec ces voies de communication.

On effectue le transport des bois de plusieurs manières, en partant du sommet des montagnes et en arrivant de proche en proche jusqu'au fond des vallées et sur les voies de communications que nous venons de citer.

1° Pour les bois de service, en les traînant avec des chevaux, des vaches ou des bœufs, sur le sol même de la forêt, au moyen d'un *crochet de fer* qu'on y enfonce, et en les attachant avec des chaînes sur des traîneaux de diverses sortes, ou à l'avant-train d'un chariot.

2° En faisant *glisser* les bois par leur propre poids sur les flancs des montagnes.

3° En les chargeant sur des *traîneaux* qui glissent sur des chemins étroits, garnis de morceaux de bois posés en travers, et qu'on nomme chemins de *schlitte*.

4° Au moyen de *glissoires* ou canaux construits en bois, dans lesquels on *lance* les bois avec ou sans le secours de l'eau.

5° Par de simples chemins de *vidange* ordinaires.

6° Par des *routes forestières* plus importantes.

7° Enfin par *le flottage* sur des ruisseaux ou des rivières naturelles, ou garnies de distance en distance, de *batardeaux*, ou encore comme dans le pays de Bade ou dans la vallée de l'Yonne, en France, sur des *canaux latéraux* aux lits des cours d'eau.

Le flottage s'exécute en outre, de trois manières :

1° A *bûches perdues*.

2° A *tronces perdues*.

$$3° \text{ En } \textit{trains} \begin{cases} 1° \text{ de } \textit{bois de chauffage.} \\ 2° \text{ de } \textit{planches.} \\ 3° \text{ de } \textit{bois de service.} \end{cases}$$

Nous allons donner d'abord quelques définitions indispensables pour l'intelligence de ce que nous avons à dire sur les voies de terre.

§ II.

DÉFINITIONS ET GÉNÉRALITÉS SUR LES ROUTES.

On appelle *axe* d'une route, une ligne tracée parallèlement aux deux arêtes de celle-ci et à égale distance de chacune d'elles.

Quand une route est située sur un plan horizontal, on dit qu'elle est de *niveau* ou en *plaine*.

Si la route est inclinée, elle monte ou elle descend. Dans le premier cas, elle est en *rampe*, dans le second, elle est en *pente*.

Une route est en *terrain naturel*, en *déblai* ou en *remblai*, suivant que sa surface est au niveau, au-dessous ou au-dessus du sol qui la borde. Il y a, en outre de cela, les routes à *mi-côte*, qui sont, partie en déblai et partie en remblai.

Quand la route est en terrain naturel, ou en déblai, on la borde d'un *fossé* de chaque côté; ces fossés sont des canaux qui reçoivent, à la fois, les eaux de la route et celles du sol voisin.

Lorsque la route est à mi-côte, on pratique un fossé du côté seulement de la montagne et on met ce fossé en communication avec la partie inférieure du coteau par des *rigoles* souterraines qu'on appelle *scioles*, *dalots* ou *ponceaux*.

Les *Talus* raccordent la surface de la route avec le sol; leur pente doit être assez douce pour que les terres de la route ne glissent pas par leur propre poids.

Dans les roches dures, on peut supprimer tout à fait les talus.

Dans les roches qui se délitent facilement, ces talus doivent avoir au moins $\frac{1}{2}$ de base pour 1 de hauteur.

Dans les terrains solides, on les incline à 45°.

Enfin dans les terres mobiles, on va quelquefois jusqu'à leur donner 2 de base sur 1 de hauteur.

Lorsque l'inclinaison du terrain naturel sur lequel repose la route est aussi grande ou plus grande que celle qu'on jugerait convenable de donner aux talus, la surface supérieure de ceux-ci, si on voulait les exécuter, ne pourrait pas rejoindre le terrain naturel, les terres ne seraient donc pas soutenues. Pour obvier à cet inconvénient, on est obligé de les contenir par des murs de terrasses.

CHAPITRE II.

NOTIONS GÉNÉRALES SUR LES ROUTES FRANÇAISES.

—

§ I.

DE LA CHAUSSÉE, DE LA VOIE, DE L'EMPIERREMENT ET DES ACCOTEMENTS.

Nous avons dit tout à l'heure, ce qu'on devait entendre par routes en terrain naturel, en déblai ou en remblai et à mi-côte. Les fossés dont nous avons déja parlé servent à l'assèchement de la route et s'opposent ainsi jusqu'à un certain point aux dégradations causées par les intempéries des saisons. Cependant, si la *voie* des routes, c'est-à-dire, la partie comprise entre les fossés était toujours seulement construite en terre, souvent elle ne pourrait pas résister suffisamment à l'action des roues et de larges ornières finiraient par s'y creuser; il est donc nécessaire de trouver le moyen de s'opposer à ces dégâts qui bientôt y rendraient la circulation impossible.

Pour obvier à ces inconvénients, des moyens divers, selon la fréquence du roulage, ont été employés.

Les routes romaines étaient principalement destinées aux convois militaires. Le commerce dont le
transport se faisait alors sur des chevaux, les usait
peu, et d'ailleurs, les Romains ne faisaient usage que
de petits chariots fort étroits et d'un poids peu considérable. Comme alors on ne connaissait pas l'entretien journalier des routes, ces voies de communication étaient construites par les armées avec un
luxe de solidité qui serait inimitable aujourd'hui à
cause des dépenses qu'il entraînerait ; et d'ailleurs,
toutes résistantes qu'elles étaient, ces routes n'auraient pas supporté longtemps le roulage actuel qui,
bientôt, y creuserait des ornières, si un entretien
journalier ne réparait pas les dégradations.

Les routes françaises, depuis qu'on a commencé
à les établir avec soin, ont été jusqu'ici de deux sortes :
les routes *pavées* et les routes *empierrées*. Le haut
prix des premières nous en interdit l'usage dans les
forêts. Nous ne nous occuperons que de celles dont
le milieu de la voie rendu plus résistant, c'est-à-dire
la chaussée, est défendu par un *empierrement*.

Il y a un petit nombre d'années qu'on établissait
encore ces empierrements à plusieurs couches de
matériaux de dimensions différentes. Après avoir
creusé un *encaissement* dans le terrain de la voie,
on plaçait au fond une première couche de pierres
plates d'environ $0^m,10$ d'épaisseur; sur ce premier
lit, on en établissait un second avec des pierres de
forme pyramidale et dont la base pouvait avoir de

0^m,20 à 0^m,30; leur hauteur était d'environ 0^m,18.

Les vides entre les sommets étaient remplis par des pierres minces et longues qui dépassaient la seconde couche d'environ 0^m,09; enfin une dernière couche de 0^m,09 se composait de petites pierres concassées de la grosseur d'une noix. La hauteur totale était donc de 0^m,46.

De plus, des pierres de 0^m,35 de hauteur, sur autant de base et de 0^m,50 à 0^m,80 de longueur étaient placées comme bordure de chaque côté de l'encaissement.

Dans ces routes, construites à si grands frais et pour lesquelles, dans certaines localités, les matériaux commençaient à manquer, les couches supérieures, dérangées par les roues et n'étant pas remises en place, étaient bientôt broyées ; les pierres pyramidales étaient attaquées, renversées et disloquées, et tout le système s'en trouvait troublé. Ces inconvénients, d'ailleurs, étaient d'autant plus grands qu'alors l'institution des cantonniers, encore dans l'enfance, n'avait pas organisé de réparations journalières sur nos routes.

L'expérience, cependant, ayant fini par démontrer que le salut d'une pareille route tenait principalement à la conservation en bon état de la couche de petites pierres qui recouvrait toutes les autres, un anglais, Mac-Adam, a pensé que peut-être les couches inférieures étaient inutiles, et qu'on devait par conséquent tenter de les supprimer tout à fait. Ce praticien a proposé et fait adopter en Angleterre, un mode de construction qui peut se résumer ainsi (1) :

« 1° Le sol sur lequel on veut établir la chaussée doit être préalablement asséché, à l'aide de fossés assez profonds pour que le niveau de l'eau n'atteigne jamais la base de l'empierrement.

« 2° Toutes les fondations en grosses pierres doivent être absolument supprimées et l'empierrement doit reposer sur le sol naturel.

« 3° L'empierrement doit avoir, suivant les circonstances locales, de $0^m,15$ à $0^m,25$ d'épaisseur. Il doit être exécuté en cailloux cassés, ayant à peu près $0^m,05$ à $0^m,06$ de côté. On doit veiller à ce que la grosseur des cailloux soit la plus uniforme possible. On évitera de les diviser en deux classes et de mettre les plus gros au fond et les plus petits à la surface. On doit les nettoyer avec le plus grand soin pour les priver de toutes les terres susceptibles de former pâte avec l'eau. Enfin, on ne peut arriver à un bon résultat qu'en exécutant l'empierrement à trois reprises. Il faut établir d'abord sur le sol une première couche, attendre qu'elle soit tassée par le passage des voitures, réparer les flaches et les ornières, à mesure qu'elles se forment, puis étendre les deux autres, en prenant les mêmes précautions.

Mac-Adam met tant d'importance à la propreté

(1) Navier, Annal. des ponts et chaussées, 1831, t. II.

des matériaux, que, dans certains cas, il juge à propos de les faire laver dans des claies.

Au bout de deux ou trois mois, ces matériaux se sont pressés les uns contre les autres à la surface de l'empierrement. Une portion des débris produits par le roulage des voitures a pénétré dans leurs interstices, et sur toute cette masse s'est constituée une couche supérieure qu'on pourrait croire d'un seul morceau, tant la surface en est unie.

Aussitôt que la méthode anglaise fut connue, elle fut étudiée en France et mise en pratique par les ingénieurs des ponts et chaussées, qui l'ont soumise à une multitude d'expériences.

Un des ingénieurs français qui se sont le plus occupés de cette question, M. Berthault, a consigné dans une série de brochures la marche qu'il a suivie et les faits qu'il a pu recueillir. Plusieurs autres encore ont adopté la même manière de procéder.

Si la méthode anglaise a rendu bonnes les chaussées qui ont été traitées par elle, plusieurs ingénieurs en France se regardent comme arrivés à des résultats au moins aussi satisfaisants; mais par des moyens qui diffèrent sous plusieurs rapports des procédés de Mac-Adam.

C'est ainsi que M. Berthault a fait remarquer que la précaution de ne poser que des pierres, toutes de la même grosseur et parfaitement nettes de tous les détritus que le cassage peut produire, n'est pas aussi importante, à beaucoup près, qu'elle le paraît à l'in-

génieur anglais ; attendu qu'au bout de quelques
jours de roulage, les pierres, toutes dégagées qu'elles
soient d'abord de poussière et de détritus, cédant
sous les poids des voitures, s'écaillent, se brisent et
s'écrasent plus ou moins, et que des expériences
précises ont prouvé que l'empierrement renfermait
alors beaucoup plus de détritus que ceux que Mac-
Adam rejette du milieu de ses matériaux.

C'est en parlant des mêmes faits, qu'un autre ingénieur, M. Polonceau, a proposé de combiner la
pierre dure avec une certaine quantité de pierres
calcaires, ou même d'autres matériaux tendres, dans
une proportion variable, du tiers au cinquième,
suivant la nature des substances mélangées. On peut
opérer ce mélange uniformément ou disposer les
matériaux durs et les matériaux tendres par lits alternatifs, en réservant un lit de pierre dure pour
la couche supérieure. On peut aussi n'employer que
la pierre tendre dans la partie inférieure et la dure
dans la supérieure, en recouvrant celle-ci des débris
du cassage.

Le mélange des pierres résistantes avec les pierres
tendres paraît surtout profitable, lorsque les premières sont d'une nature siliceuse. Si, par exemple,
l'ingénieur a à sa disposition du sylex pyromaque, il
semble bien démontré qu'un gravier calcaire, mêlé
avec cette matière, est presque indispensable pour
l'alliage des matériaux.

Au reste, il résulte d'expériences nombreuses que,

si, avec de la mauvaise pierre et un entretien continu
parfait, on parvient à avoir de bonnes routes, cependant ce résultat est plus facilement et plus solidement établi avec de bonnes pierres et particulièrement du calcaire compacte, qu'avec des matières
tendres ; et quoique la dépense soit souvent plus
forte pour les premières, il ne paraît pas qu'on doive
hésiter à se servir de préférence, quand les crédits
le permettent, de matériaux fortement résistants.

Les routes anglaises diffèrent encore des routes
françaises sous plusieurs rapports; sous celui de la
largeur de l'empierrement, par exemple. Chez nous,
le milieu de la voie est seul empierré; à droite et
à gauche sont les *accotements* en terre plus ou moins
larges. En Angleterre, on couvre de pierres toute la
largeur de la route qui, du reste, est moins grande
que chez nous. Ici, l'avantage semble appartenir aux
routes anglaises ; car à cause de leur faible largeur
il y a d'abord moins de terrain perdu pour l'agricul-
ture, et d'ailleurs la terre des bas côtés, arrachée
par les roues des chariots et les pieds des chevaux,
ne vient jamais salir la chaussée, y entretenir de
l'humidité et contribuer à sa détérioration.

Enfin, Mac-Adam a été conduit ainsi à réduire
considérablement le bombement de ses routes, qui,
autrefois de $^1/_{12}$ de la largeur, s'est abaissé successivement en Angleterre jusqu'à $^1/_{100}$. En France, où, à
cause des accotements en terre, l'écoulement des
eaux en travers se fait moins bien, on leur donne

moyennement $^1/_{50}$ ou $^1/_{60}$ de la largeur totale de la route.

Lorsqu'on livre à la fréquentation les routes nouvellement empierrées, le roulage éprouve une très-grande fatigue pour opérer le tassement des matériaux. Ce dommage, évalué en chiffres, est très-considérable, et pour l'éviter, on a imaginé de le produire, avant le passage des voitures, au moyen d'un instrument qu'on a nommé le *Rouleau compresseur* et dont les premiers essais ont été faits par M. Polonceau.

§ II.

DU ROULEAU COMPRESSEUR ET DU PILONAGE.

MM. les ingénieurs Coulaine et Bormans (1) ont expérimenté avec un cylindre compresseur qui se composait d'un tonneau en bois de chêne recouvert entièrement de cercles de fer de $0^m,02$ d'épaisseur, sa largeur est de $1^m,50$ et son diamètre de $2^m,00$. Un châssis en charpente porte symétriquement de chaque côté de l'axe un double brancard. Lorsqu'après avoir marché dans un sens, on veut revenir en sens inverse, il suffit de dételer les chevaux et de les atteler au brancard opposé.

On charge intérieurement le cylindre avec un

____

(1) Annales des ponts et chaussées, t. XXIX.

2

mélange de pierres cassées et de sable. Vide, il pèse 3,115 kil., et 8,000 kil. quand il est plein.

On a d'abord serré les matériaux de la chaussée entre eux, en y faisant passer le cylindre, ce qui arrive moyennement au bout du vingtième tour ; on répand peu à peu et à plusieurs reprises du sable sur la chaussée, en commençant par les parties qui paraissent le mieux prises. Cette opération doit être faite avec beaucoup de soins. Le sable, nous le répétons, doit être employé à plusieurs reprises, en huit ou dix fois, moyennement, et l'on doit s'arrêter aussitôt que les matériaux de la surface de la chaussée ne paraissent plus. L'opération est généralement terminée au centième tour. En faisant l'emploi du sable en trop grande quantité à la fois, on n'obtiendrait que des chaussées molles et sans élasticité.

Une chose digne de remarque, c'est que la prise de la pierre commence par la couche inférieure de l'empierrement et s'étend successivement aux couches supérieures. Cette prise de la partie inférieure s'opère au moyen des déchets que renferme la pierre. Le sable que l'on ajoute est employé presque exclusivement à opérer la liaison du haut de l'empierrement.

De nombreuses expériences ont donné la certitude que le sable le plus maigre et le plus menu possible est généralement celui qui convient le mieux. Cependant, lorsque l'opération a lieu au milieu de la belle saison, le sable gras ou la terre maigre peuvent être employés avec avantage. Cette condition est même indispensable, lorsque les matériaux sont à surfaces lisses. Les déchets de la pierre produisent aussi un excellent effet.

La quantité de sable nécessaire pour opérer la liaison de la couche supérieure varie de $0^{m.c.}$,03 à $0^{m.c.}$,05 par mètre carré.

Lorsque le temps n'est pas humide, il faut arroser pour que l'action du cylindre soit complète. On se sert à cet effet d'arrosoirs ordinaires, ou d'un arrosoir porté sur un tombereau et traîné par un cheval, lorsque le lieu où l'on va chercher l'eau est éloigné. Un temps humide est donc une circonstance favorable à la réussite de l'opération. Seulement, il ne faut pas que l'humidité soit telle que le sol sur lequel repose l'empierrement puisse être détrempé. Cela est surtout à craindre dans les terrains argileux. On doit alors opérer du 1er mars au 1er août. De cette manière, la chaussée est déjà liée pour la saison des pluies. Mais, dans les terrains sablonneux, l'époque la plus convenable est celle du 1er février au 1er septembre.

Malgré l'action du cylindrage, la chaussée conserve encore une certaine mollesse pendant quelque temps, et il est nécessaire d'en compléter le tassement, en forçant le roulage à passer, dans les commencements, sur toutes les parties de la largeur de de la chaussée.

Pour arriver à ce résultat, on place des pavés ou

de grosses pierres sur la chaussée, en les espaçant de $10^m,00$ environ; après les avoir disposées en file sur l'un des côtés de la route, pendant une cinquantaine de mètres, on laisse un espace vide de la même longueur; on range la file suivante sur l'autre côté de la route; on laisse de nouveau un espace vide et ainsi de suite. De cette manière les voitures vides sont obligées de parcourir une ligne sinueuse; et comme on change plusieurs fois par jour la disposition des pavés, il est impossible que les chevaux, qui suivent par instinct la trace des roues qui les ont précédés, puissent former des frayés.

Malgré le soin qu'on prend de retirer les pierres pendant la nuit, ce procédé, qu'on emploie aussi lorsqu'on livre au roulage des empierrements non tassés sous le cylindre, contrarie vivement celui-ci. On peut le remplacer par le suivant :

Immédiatement après le passage du cylindre, on dispose de petits emplois de pierres cassées de $0^m,30$ de largeur, et de $3^m,00$ à $4^m,00$ de longueur; on les espace de 10 mètres environ et on les place le plus irrégulièrement possible, de manière qu'on n'aperçoive pas de vide en se tenant à une certaine distance. Les chevaux continuellement dérangés par ces matériaux sur lesquels ils évitent de marcher, parcourent la chaussée dans tous les sens. Si après un certain temps on remarque des frayés, on ramène quelques matériaux sur les places où les chevaux ont posé leurs pieds, et les frayés sont détruits presque immédiatement. Il faut avoir soin aussi de repiquer de temps en temps les emplois, afin de les empêcher de s'incorporer avec la chaussée.

Enfin, un troisième procédé qui paraît préférable aux deux précédents consiste à promener légèrement un balai à la surface de la chaussée, dans les parties seulement où un frayé commence à se manifester, et de manière à l'effacer complétement; cette méthode a parfaitement réussi.

Il est également fort utile de comprimer au moyen d'un pilon, du poids de 10 kilogrammes environ, les parties de la chaussée, ordinairement très-peu nombreuses, dont la surface serait désaggrégée par les pieds des chevaux.

Au bout de huit jours les matériaux que l'on a déposés sur la route pour faire dévier les voitures, peuvent être enlevés sans inconvénients. Le roulage, au lieu de détruire en partie l'action du cylindre, l'a complétée, et on obtient ainsi une chaussée dont la surface est parfaitement régulière.

Pour les routes cylindrées, les chaussées peu bombées sont préférables. Elles sont si sèches que les plantations sur leurs bords sont plutôt favorables que nuisibles. Elles ne se désaggrègent que très-difficilement; leur épaisseur est uniforme et la liaison se fait sans qu'il y ait mélange de la partie inférieure de l'empierrement avec le sol, ce qu'il est bien difficile d'obtenir, quand celui-ci est profondément sillonné par le roulage, pendant plusieurs mois, avant la prise complète.

L'opération du cylindrage, pour produire les effets dont nous venons de parler, revient moyennement à 0^f, 75 par mètre courant, en y comprenant le prix de la fourniture du sable, de la main-d'œuvre nécessaire pour son emploi et du régalage de la chaussée.

Sous détail de cette dépense (sur des chaussées de 4^m,00 à 5^m,00 de largeur, et de 0^m,20 à 0^m,25 d'épaisseur).

1° *Tassement de la chaussée :* On comprime moyennement 100^m, 00 de longueur de chaussée par jour. L'équipage de 12 chevaux étant payé 50^f,00, conducteur compris, le prix du mètre courant revient à.......... .... 0^f, 50

2° *Fourniture de sable :* $0^{m.c.}$,15 par mètre courant, à 1^f, 20 le mètre cube........ 0, 18

3° *Régalage de la chaussée et emploi du sable :* Il faut continuellement six manœuvres pour cette opération ; ces ouvriers, payés à raison de 1^f, 25, produisent une dépense journalière de 7^f, 50 ; partant, le prix du mètre courant est..................... 0, 07

Total........ 0^f, 75

Cet excédant de dépense est plus que compensé par tous les avantages que procure cette pratique :

1° On livre immédiatement au roulage une route excellente ; on lui épargne une grande fatigue qui représente une forte somme.

2· Une partie des matériaux n'est pas détruite ou broyée pour servir à la liaison de l'autre et est remplacée par du sable qui est cinq ou six fois moins coûteux. D'un autre côté, la liaison de la chaussée ayant lieu, sans que le fond de celle-ci soit attaqué, cette chaussée conserve une épaisseur uniforme et l'on peut par conséquent diminuer son épaisseur. C'est ainsi que les chaussées qui avaient 0^m, 25 d'épaisseur ont été réduites à 0^m, 20. On peut encore obtenir des chaussées très-solides avcc 0^m, 15, et même 0^m, 10, lorsque le terrain est suffisamment résistant.

3° La chaussée n'étant plus bouleversée et sillonnée par le roulage, on peut, sans inconvénients, en composer la partie inférieure de pierre de qualité médiocre ou d'une dimension plus forte, et il en résulte, dans certains cas, une économie considérable.

On fait manœuvrer sans difficulté le cylindre sur des pentes comprises entre 0^m, 00 et 0^m, 05 par mètre; seulement le nombre des chevaux doit augmenter en raison de la pente; 14 chevaux sont nécessaires pour une pente de 0^m, 05. Au delà de cette limite la manœuvre du cylindre devient difficile et dangereuse pour les chevaux, et il convient de renoncer à son emploi. On peut y suppléer par le pilonage.

Cette opération s'exécute au moyen de pilons du poids de 10 à 15 kilogrammes. Après avoir piloné pendant un certain temps, on ajoute une petite quantité de sable, on pilonne de nouveau; puis on remet encore du sable, et ainsi de suite; c'est-à-dire qu'on suit exactement le procédé que nous avons décrit pour le cylindre.

Les chaussées tassées de cette manière ne sont ni aussi unies, ni aussi fermes que celles que l'on obtient avec le rouleau ; cependant ce moyen peut lui être substitué :

1° Lorsque la pente dépasse 0^m, 05 par mètre.

2° Lorsque la chaussée à comprimer a peu de longueur.

3° Lorsque les dimensions des matériaux de l'empierrement s'opposent à la manœuvre du rouleau. Tel est le cas d'une place carrée.

Le rouleau compresseur dont se sont servis les ingénieurs que nous avons designés, a le désavantage d'exiger qu'on le remplisse complétement, quelle que soit la dureté des matériaux qu'on veut comprimer ; car sans cela les pierres qu'on y a fait pénétrer en auraient bientôt usé l'intérieur. On en a construit depuis sur un autre modèle qui présente plus d'avantages. Ce cylindre compresseur n'a guère qu'un mètre de diamètre; il est entièrement en fonte (1). Au-dessus d'un châssis qui repose sur les brancards est placée une forte caisse qu'on peut charger de pierres à volonté.

Dans tout ce que nous venons de dire sur l'emploi du rouleau, il ne s'agit que des routes empierrées. M. Polonceau l'a appliqué aussi aux chemins vicinaux

______

(1) Annales des ponts et chaussées, t. XX et XXVI.

dont la fréquentation est faible et ne dépasse pas 30 à 40 colliers. Cet ingénieur admet que lorsque ces chemins ne sont pas empierrés ils peuvent résister à la fatigue de leur roulage, pourvu qu'avant de les livrer à la fréquentation, on commence par opérer leur tassement.

Le meilleur moyen et le plus économique d'opérer ce tassement est d'y faire passer un rouleau compresseur et comme les communes ne sont pas assez riches pour en posséder d'aussi considérables que ceux dont nous venons de parler, M. Polonceau indique comment on peut s'en procurer à peu de frais, en fixant au moyen de deux fortes chevilles et de deux cercles de fer, d'épais madriers de chêne sur les jantes d'une vieille paire de roues montées sur un essieu suffisamment long. On remplit la cavité du cylindre avec de la terre bien tassée, ou, avec des pierres et de la terre, quand on veut obtenir un poids plus fort. Les brancards sont attachés à l'essieu par des colliers de fer, fixés solidement sur les faces des deux branches; une forte traverse les réunit. On prolonge ces brancards en arrière de l'essieu pour leur faire porter des contre-poids, mais on ne leur fait pas dépasser le cylindre et l'on ne met pas de traverse par derrière, afin de pouvoir faire tourner le brancard à volonté sur l'essieu de l'avant à l'arrière. Au moyen de cet appareil, on peut dételer les chevaux et les faire atteler dans le sens inverse. Si cependant on ne voulait pas se donner cette peine, et si l'on aimait mieux faire tourner le cylindre, on le pourrait facilement, sans dégrader le chemin par le frottement, au moyen d'un madrier de $0^m,66$ de long sur $0^m,33$ de largeur, et un peu bombé par le milieu. On le placerait en avant du cylindre qui, monté dessus, tournerait facilement comme sur un pivot.

De même que pour les routes empierrées, il faut employer ce cylindre, lorsque le terrain est pénétré d'humidité, si l'on veut qu'il produise tout son effet, c'est-à-dire qu'en roulant 8 à 10 fois chaque portion de chemin, quelques jours après la pluie et quand elle commence à sécher, on obtient un terrain très-uni et résistant, sur lequel l'eau glisse et qu'elle ne peut pénétrer que difficilement et après de longues pluies.

Cependant sur ces chemins sans empierrement, il faut, avant de rouler, couvrir le sol d'une couche d'environ $0^m,03$ d'épaisseur, de sable, de gravier ou d'autres substances analogues. La pression du cylindre faisant pénétrer ces matières dans le sol, en augmente beaucoup la fermeté et l'imperméabilité.

Quand on n'a ni sable ni gravier, on peut encore employer utilement en recouvrement une espèce de terre que nous désignerons sous le nom de terre *dure*; c'est celle qui est composée de sable ou de gravier, mêlé naturellement et intimement avec une petite quantité d'argile. Cette espèce de terre acquiert, surtout quand elle est tassée, une très-grande dureté et constitue des chemins qui, sauf les temps de longues pluies et de dégel, sont fort résistants et fort économiques. En effet, les terres dures coûtent bien moins cher que la pierre; elles ne s'usent presque pas, et il suffit pour les raffermir de les régaler et de les rouler après les pluies. Les terres propres à cet usage se reconnaissent ordinairement à leur résistance à la pioche, quand elles sont sèches, et par la facilité avec laquelle elles se maintiennent verticalement sans talus et sans éboulements.

Avec ces précautions, un chemin vicinal (selon M. Polonceau), est presqu'aussi bon que s'il était empierré, tant qu'on ne le laisse pas pénétrer par les eaux et qu'on n'y laisse pas former d'ornières profondes.

Quant à la dépense première du cylindre, elle n'est pas très-considérable. Un cylindre de 2^m, 00 de diamètre peut coûter 5 à 600 francs, et son entretien est peu de chose. Toutes les fois qu'on le pourra, dit M. Polonceau, plusieurs communes feront bien de se réunir pour acheter un cylindre de fonte qui coûtera de 12 à 1500 francs et qui étant garni sur les côtés de fonds fermant hermétiquement, se chargent d'eau et se déchargent par un simple écoulement (1).

Quant aux chemins vicinaux que l'on reconnaît devoir ou pouvoir empierrer, voici comment M. Polonceau conseille d'opérer.

Il est avantageux de se borner à étendre des pierres cassées, sans leur avoir préalablement creusé un encaissement qui, selon cet ingénieur, est ici plus nuisible

(1) Maison rustique, chemins vicinaux.

qu'utile. Mais on les répand alors sur le sol préalablement réglé et tassé comme nous venons de l'indiquer pour les chemins en terre et dont le bombement
doit être très-faible. Il y a en outre économie, comme
nous l'avons déjà dit, à relier les pierres par des
matériaux tendres, tels que le bouzin des carrières
de pierres à bâtir, la craie, les graviers, le sable liant,
les chistes, les tufs, les marnes sèches, et même les
plâtras, selon les localités. Il y a économie évidente
à cause du bas prix des matières tendres.

On emploie ces matières tendres, dit toujours le
même ingénieur, en une première couche de $0^m,05$
à $0^m,10$ d'épaisseur, appliquée sur le sol du chemin.
On y roule le cylindre de compression pour la lier
et la bien tasser, et alors elle fait une espèce de
plateforme que les eaux pénètrent difficilement.

Quand on n'a pas de cylindre compresseur, il faut
laisser passer les voitures quelque temps sur cette
première couche; mais ce moyen de compression est
bien moins énergique que le cylindre, parce que les
roues portant sur de petites largeurs, enfoncent et
écrasent ces matériaux plus qu'ils ne les compriment.

Cette première application améliore déjà beaucoup
le chemin. On peut la laisser subsister longtemps,
sans addition d'autres matériaux, pourvu qu'on l'en-
tretienne convenablement, en la roulant de temps
en temps pour lui rendre la fermeté que lui ôte la
pénétration des eaux.

Après cela, si le besoin l'exige, on peut placer par

dessus ce premier travail une couche de pierres dures. Ces dernières doivent varier de grosseur, depuis le volume d'un œuf de poule jusqu'à celui d'une noix. Les pierres arrondies ne sont pas bonnes pour la liaison ; on peut cependant en employer, et les placer de préférence immédiatement sur les pierres tendres, parce qu'en y pénétrant elles perdent leur mobilité qui est leur plus grand inconvénient.

On peut d'abord n'étendre les pierres dures que sur une largeur de 3^m,00 et sur une épaisseur de 0^m,06 à 0^m,08. Cette couche se recouvre ensuite d'une couche légère de 0^m,02 à 0^m,03 d'épaisseur, composée de petites pierres tendres ou des débris de cassage qu'il faut avoir soin de mettre de côté. On roule tout cela avec le cylindre et l'on a immédiatement une bonne chaussée, unie, ferme et bien roulante (1).

M. Berthault pense que tous les chemins dont la fréquentation ne dépasse pas une quarantaine de colliers, n'exigent pas un empierrement de plus de 0^m,06 à 0^m,10 d'épaisseur. La supériorité de la qualité des matériaux et la finesse du cassage ne sont plus ici une chose indispensable, quoique très-utile. L'épaisseur que nous venons de signaler d'une couche de matériaux à assez bon marché, s'il se peut, mais pas trop tendres, un cylindrage assez bien

____

(1) Polonceau. Maison rustique.

fait sur le chemin dont le sol a été préalablement
égalisé et même cylindré , ainsi que nous le recom-
mandions tout à l'heure d'après M. Polonceau, sont
les seules conditions qu'impose rigoureusement M.
Berthault; sauf, si plus tard on en a les moyens, à
augmenter la hauteur de l'empierrement.

§ III.

DE L'ENTRETIEN DES ROUTES ORDINAIRES.

Quand les routes sont construites d'après les méthodes que nous avons indiquées dans le paragraphe
précédent, il s'agit de les entretenir en bon état,
malgré l'action incessante du roulage qui tend à les
détériorer.

Autrefois les routes n'étaient réparées chaque
année qu'à l'automne au moyen de répandages généraux qui fatiguaient beaucoup le roulage, et lorsque
ces répandages étaient tassés par le passage des voitures, des frayés ne tardaient pas à s'y montrer. Ces
frayés passaient ensuite à l'état d'ornières, et comme
tous les approvisionnements de matériaux étaient dépensés, les routes ne tardaient pas à devenir plus ou
moins mauvaises, jusqu'au répandage général suivant,
et cet état pouvait être encore aggravé fortement par
des orages violents, des pluies de longue durée ou
des dégels. De telle sorte que des réparations qui,
faites en temps utile, n'auraient demandé que quelques

heures de travail, finissaient par devenir très-consi-
dérables et fort coûteuses.

Il reste aujourd'hui démontré par l'expérience,
que l'institution des cantonniers a donné naissance
en France à une méthode d'entretien continu bien
préférable à l'ancienne; car, c'est par leur emploi
bien entendu, qu'on est parvenu à conserver constamment les routes en bon état, en les faisant réparer
chaque jour par des rechargements partiels, aussitôt
qu'une dépression ou un frayé de 3 à 4 centimètres de profondeur vient à se manifester. Ce système est dû aux recherches de plusieurs ingénieurs
et notamment de M. Berthault.

Il résulte de ces rechargements partiels, qu'il n'y a
pas de partie de la chaussée qui ne puisse recevoir à
son tour tout ce qu'elle a perdu sous l'action du roulage. L'état sain de cette chaussée est, outre cela,
entretenu encore au moyen de l'ébouage en hiver et
du balayage en été; mais pour tous ces soins incess-
sants, il faut une surveillance active, un personnel
nombreux; et pour arriver à ce résultat, on a senti
qu'il fallait établir plusieurs classes de cantonniers. C'est
pour cela qu'on a créé les cantonniers chefs, chargés
d'entretenir un canton d'une faible étendue et de diriger et de surveiller cinq ou six cantonniers simples. Ces
chefs sont surveillés eux-mêmes par d'autres agents.
Les cantonniers sont occupés, en outre, quand
le temps le leur permet, à casser une certaine quantité de pierres. Au surplus, malgré ce nombre

considérable d'ouvriers à poste fixe, il y a encore des circonstances où l'on est obligé, dans des moments pressants, de leur ajdoindre des *auxiliaires*, qui leur permettent de se mettre rapidement au courant, lorsque de longues pluies ou des gelées et des dégels successifs ont retardé leurs travaux.

En Angleterre, à la place de cet entretien continu, on emploie des ateliers ambulants nombreux qui, sous la direction d'un chef, se portent là où les réparations l'exigent.

Les longues et pénibles études auxquelles les ingénieurs se sont livrés, en France, au sujet de l'entretien des routes, ont fait sentir le besoin de les résumer, au moins en partie, en une pratique officielle. Nous allons donner l'analyse d'une circulaire que le directeur général des ponts et chaussées a adressée dans ce but à MM. les Préfets, et où il trace la marche à suivre dans l'entretien des routes.

Supposons d'abord qu'il s'agisse d'entretenir une route qui est à l'état normal.

1° *Entretien des routes.*

Lorsque la chaussée est saine et unie, par conséquent sans flaches, sans ornières, sans boue et sans poussière, quand les accotements et les fossés ont le profil convenable; pour les entretenir en cet état, il n'y a jamais que deux opérations à faire :

1° L'enlèvement continu de l'usure journalière de la route, soit en boue, soit en poussière.

2° L'emploi des matériaux qui doivent remplacer cette usure.

Enlèvement de l'usure. 1° *Poussière.* Lorsque les voitures ont circulé pendant plusieurs jours sur une route à l'état normal, si le temps est sec, la chaussée se couvre bientôt d'une petite couche de poussière qui gêne les voyageurs et les chevaux, rend la route plus tirante et se transforme en boue, si la pluie arrive. Cette boue entretient l'humidité, détrempe la route et amène plus tard des ornières ou des flaches. Il faut donc enlever cette poussière. Cet enlèvement peut se faire, comme celui de la boue, au racloir; mais à cause des petites inégalités du sol, cet outil ne peut être utilement employé que lorsque la poussière a une certaine épaisseur. Le balai de bouleau convient beaucoup mieux. Par un temps sec, il faut balayer plus légèrement sur une chaussée empierrée en gravier que sur les chaussées, à empierrement calcaire. Sur de telles chaussées, c'est après une petite pluie que le balayage profite le mieux.

2° *Boue.* Une route ainsi balayée se montre belle et sans boue pendant quelques jours, si la pluie survient; mais si celle-ci persiste, la chaussée devient d'abord grasse, puis la boue s'y montre et il faut l'enlever promptement, parce qu'elle rend le frayé des voitures très-apparent; et comme ce frayé est plus roulant que le reste de la chaussée, les chevaux par instinct et par expérience cherchent et parviennent à le suivre. Le racloir est pour cela l'outil le plus avantageux, lorsque la boue est grasse; lorsqu'elle est liquide, le balai réussit parfaitement.

Ainsi traitée, la route se maintient toujours unie et roulante, mais elle perd de son épaisseur, et il est convenable de lui restituer autant de matériaux qu'elle en a perdus.

Emploi des matériaux. Comme la chaussée s'use lentement, on peut sans inconvénient attendre le moment de l'année le plus convenable pour la recharger. Sous ce rapport, les temps pluvieux ont sur les temps secs un avantage immense. Ainsi, quand des pluies fréquentes ont amolli le sol et qu'on ne craint pas la gelée, on doit commencer l'emploi des matériaux. Le principe qui doit guider le cantonnier, c'est de ne pas créer de motifs déterminants pour les voitures de suivre une direction plutôt qu'une autre.

Or, quand le balayage et l'ébouage ont été faits avec soin, la pluie fait seulement paraître à la surface de la route quelques légères flaches de $0^m,02$ à $0^m,03$ environ au milieu et qui se réduisent à rien sur les bords. On doit repiquer ces flaches et y déposer ensuite des matériaux en les arrangeant avec soin et en mettant les plus petits sur les bords. Ces *emplois* ne doivent avoir que $2^m,00$ à $3^m,00$ de longueur et $1^m,00$ à $2^m,00$ de largeur au plus. Si ces flaches sont en grand nombre, il ne faut pas les recharger toutes en même temps; on commence par les plus profondes, et quand la reprise en est faite, on passe aux autres ; autrement la fatigue imposée au roulage deviendrait trop considérable. Ces emplois ont d'ailleurs besoin d'être surveillés par le cantonnier qui devra remettre en place, avec le râteau, les matériaux qui auront pu être dérangés.

Malgré tout le soin que l'on prend de disposer les emplois de manière à dérouter les voitures, celles-ci cependant finissent encore quelquefois par préférer une certaine direction qui aussitôt donne lieu à un frayé ; il faut s'empresser de l'enlever, faire à propos de nouveaux emplois, enlever ou diminuer ceux qu'on reconnaîtrait mal placés. On est récompensé de ces peines, qui doivent être continuées jusqu'à reprise complète, par l'économie des matériaux qui s'incorporent presque tous sans perte, dans la chaussée.

On est, outre cela, à peu près maître de placer sur la route autant de matériaux qu'on le veut, c'est-à-dire de lui restituer tout ce qu'elle a perdu. Car, l'expérience a fait connaître que, lorsque l'on vient de recharger les flaches d'une chaussée, il s'en manifeste, immédiatement après, d'autres qui, à la vérité, ne sont que de légères dépressions et qui s'effacent d'ailleurs bientôt par le roulage. On en profite pour recharger indéfiniment la chaussée.

Au surplus, il n'est pas nécessaire de lui redonner exactement le même poids en matériaux que celui qu'elle a perdu. Car, si pendant l'année, on a ôté $100^{m.c.},00$ de détritus, soit en boue, soit en poussière, la chaussée n'a perdu environ, là-dessus, que 60$^{m.c.}$,00 de pierres concassées. On peut donc ajouter aux matériaux qu'on emploie, une certaine quantité de détritus, qui, mélangés avec eux et les recouvrant, en faciliteront la prise, en les garantissant des chocs des voitures, d'une part, et en évitant, de l'autre, les cahots à celles-ci.

Cette méthode d'entretien exige un personnel con. sidérable, et ce nombre de cantonniers est d'ailleurs constamment occupé; car le balayage de la poussière enlevée fait autant de détritus dans les temps secs que l'ébouage par le mauvais temps. Il fournit un travail pour l'été et diminue celui de l'hiver.

Dégradations accidentelles. Lorsqu'à la suite d'un mauvais entretien, des ornières se sont creusées dans une route, pour les détruire, le premier soin à prendre, c'est de curer la route à vif. Dans une chaussée boueuse, les ornières ne sont souvent qu'apparentes; une fois que les bourrelets qui la dessinent sont enlevés par l'ébouage, il ne reste plus qu'un frayé insignifiant que le roulage efface promptement.

Mais si, après le curage, l'ornière reste encore assez creuse pour que les voitures n'en sortent pas facilement, il faut y déposer des matériaux, et seulement jusqu'à fleur de la route, plutôt même au-dessous qu'au-dessus des bords. On joint à cette opération quelques emplois sur les directions que l'on veut faire éviter aux voitures et au bout de quelque temps la route devient bonne, pourvu toutefois que le cantonnier fasse ses emplois avec intelligence. Ainsi, par exemple, si un côté de la route lui paraît plus déprimé que l'autre sur 50 à 60 mètres de longueur, il faut qu'il se garde bien de le recouvrir de matériaux dans sa totalité ; car, alors, les voitures passeraient immédiatement du côté opposé et y creuseraient des ornières, en face de l'emploi, et en avant et en arrière de celui-ci. Si de pareilles fautes ont été commises, il n'y a pas d'autre remède que d'enlever ces emplois et de combler, comme il a été indiqué tout à l'heure, les ornières auxquelles il a pu donner lieu.

2° Réparation des routes.

Dans tout ce qui vient d'être dit, on a supposé la route bonne ; mais, malheureusement, il y a beaucoup de mauvaises chaussées et les ingénieurs ont plus souvent à les réparer qu'à entretenir des chaussées normales. Le mal est quelquefois si grave qu'on prend le parti de les refaire à neuf et, cependant, c'est toujours une opération très-gênante pour le public et fort dispendieuse pour le trésor. Voici comment on a coutume de s'y prendre.

On démonte l'ancienne chaussée ; on la passe à la claie, si elle se compose de quelques matériaux mêlés à beaucoup de terre ; si elle ne se compose plus que des grosses pierres du fond de l'encaissement, on les casse, et on y ajoute une certaine quantité de matériaux neufs, pour compléter l'épaisseur convenable de la chaussée ; enfin on place le tout dans une forme bien dressée. Le moindre inconvénient de ce travail est de ne coûter jamais moins de 3 ou 4 francs par mètre courant ; le plus grave, c'est d'entraver pour longtemps la circulation , et l'on a dû chercher d'autres méthodes dont le succès est aujourd'hui sanctionné par l'expérience.

On commence par faire quelques coupures dans la chaussée pour apprendre de quelles couches elle se compose.

Si elle est épaisse et si elle renferme des matériaux mêlés à de la terre , il est convenable d'enlever tout de suite ce qui est mobile à sa partie supérieure; on pique en même temps les parties saillantes et l'on fait, en continuant ainsi, descendre la route par l'usure parallèlement à elle-même.

Si le profil de la route est trop plat, on remplit avec des matériaux les flaches nombreuses qui se forment; et au bout d'un certain temps, on lui redonne le bombement nécessaire , en même temps qu'elle devient unie et roulante ; des coupures pratiquées à cette époque apprendraient qu'on a seulement obtenu une couche parfaitement saine de $0^m,05$ à $0^m,06$ et reposant sur l'ancien massif de la chaussée. Or cette couche peut suffire , car c'est d'elle seule que les voitures se servent; avec un bon système d'entretien, l'expérience a prouvé , en effet, que les dégradations ne descendent jamais plus bas.

La même méthode convient encore aux chaussées usées. Par le remplissage des trous et des flaches, on arrive bientôt à leur donner l'épaisseur suffisante ; on y arriverait ainsi sur le terrain naturel, à plus forte raison sur une chaussée. Cette manière d'agir a, en outre, l'avantage de proportionner l'épaisseur de la chaussée à la résistance du terrain, à la qualité des matériaux et à la fréquentation que subit la route.

Lorsqu'il ne reste plus de l'ancienne chaussée que la fondation des grosses pierres, au lieu de l'arracher, il faut se borner à casser sur place les pierres les plus saillantes qui dépasseraient l'épaisseur que l'on veut donner à l'empierrement. On fait ensuite par un temps humide des emplois de matériaux dans les flaches nombreuses de la chaussée, avec les soins prescrits plus haut. Ces matériaux se lient très-bien et la route s'unit graduellement sans que la circulation soit interrompue. Moins la chaussée est bombée, plus les voitures la parcourent dans tous les sens, et plus on évite ainsi la formation des ornières.

On doit remarquer que dans le mode d'entretien, détaillé dans la circulaire de 1839, il y a d'abord un élément constant ; la quantité de matériaux qui doit être restituée chaque année à la route et remplacer l'usure. Après cela, il y a encore plusieurs autres éléments variables, savoir : l'époudrage, l'ébouage, la grosseur des matériaux et la quantité de main-d'œuvre.

Si la quantité de détritus raclée et balayée diminue, la quantité de boue à enlever augmente; si, au contraire, l'époudrage est plus complet, l'ébouage exigera nécessairement moins de main-d'œuvre. Or, les ingénieurs ne sont pas d'accord sur les quantités plus ou moins grandes de poussière qu'on doit enlever sur les chaussées.

Dans le système d'entretien adopté par M. Berthault, l'époudrage ne se fait pas toujours complétement ; cet ingénieur regarde comme nécessaire de laisser sur la route pendant la belle saison une certaine quantité de détritus, qui protègent les pierrailles contre l'action des roues et qui, à la première pluie, s'incorporant de nouveau avec ces pierres dont ils étaient sortis en partie, introduisent une certaine somme d'humidité dans la chaussée, en empêchent la désaggrégation et par conséquent diminuent l'usure.

D'autres ingénieurs, à la tête desquels se trouve M. Dumast, admettent au contraire que toute la poussière qui se produit à la surface des routes doit être soigneusement enlevée. Selon cet ingénieur, le balayage méthodique complet qui réduit l'ébouage à fort peu de chose, procure aux routes un *maximum de beauté*, et, selon lui encore, ce maximum de beauté, cet uni parfait, ce glacé correspondent au *minimum d'usure* et même de dépense d'entretien, malgré l'augmentation de main-d'œuvre qu'entraîne ce régime. L'économie qui en résulte provient d'après lui de ce que la route, exempte d'aspérités s'use par frottement seul et non pas, comme pour les autres chaussées, par frottement et par chocs à la fois. Les routes de la

Sarthe, dont la fréquentation à la vérité ne dépasse pas 200 colliers, soumises à ce traitement, sont en effet devenues très-belles et les frais d'entretien ont diminué d'année en année. Mais cette diminution de dépense n'est, aux yeux de beaucoup d'ingénieurs, qu'une économie apparente et momentanée, attendu que, suivant eux, il n'a pas été chaque année répandu sur ces routes une quantité de matériaux capable de remplacer celle qui a été enlevée par l'usure ; de sorte que ces routes auraient perdu chaque année un peu de leur épaisseur et qu'ainsi leur surface parfaitement belle et unie, mais s'abaissant graduellement, finirait, au bout d'un certain temps, par atteindre le terrain naturel, et qu'alors l'économie obtenue serait compensée et au delà par la restitution devenue nécessaire d'un nouvel empierrement.

Dans cette méthode de M. Dumast, l'époudrage est la chose la plus importante, quant à la conservation de la beauté de la route ; et quant à l'entretien de l'épaisseur de la chaussée par des emplois, elle entraîne à exiger des repiquages faits avec intelligence et précautions, des matériaux cassés plus fins , déposés avec un grand soin, saupoudrés de détritus, arrosés pendant les sécheresses et toujours pilonés jusqu'à prise complète. Il résulte de tout cela une augmentation sensible de main-d'œuvre (1).

(1) Annales des ponts et chaussées. 1re série T. XXIX. 1844.
T. 1.

Au surplus, depuis l'application du cylindre compresseur au tassement des chaussées neuves, on est parvenu, comme nous l'avons dit, à livrer au roulage des empierrements parfaitement unis. Or, en entretenant ces chaussées par la méthode de M. Dumast, on peut leur conserver cette perfection; ainsi donc, si on se bornait à restaurer avec beaucoup de soins les dégradations accidentelles qui pourraient s'y manifester, il serait facile de laisser s'abaisser la surface de la route qui resterait unie et parallèle à elle-même, jusqu'à ce que l'usure complète demandât un empierrement nouveau. Cette idée a été émise, mais en même temps on a fait observer qu'il faudrait alors obtenir tout d'un coup un crédit d'un chiffre très-élevé pour cette restauration, et ce qui est pire encore, arrêter la circulation sur la route pendant tout le temps que durerait ce renouvellement de la chaussée.

§ III.

DÉPENSE DE L'ENTRETIEN.

Si l'on veut bien résumer tout ce que nous venons de dire, on reconnaîtra que l'épaisseur de la chaussée peut être assimilée à un capital qu'il faut tâcher de tenir constant, sous peine de le restituer tout entier, plus tard, d'un seul coup.

Si l'on ne peut le tenir toujours constant, faute d'argent, on emprunte par le fait sur ce capital pour

subvenir à l'entretien. Si, au contraire, l'entretien
est trop fort, le capital s'accroît; témoin les chaussées qui se sont exhaussées sur certains points par
des rechargements exagérés, exécutés sous l'ancien
système, durant lequel, toutes les fois qu'une route
était mauvaise, on pensait que c'était faute de matériaux et on y en répandait une plus grande
quantité.

La grande question de l'entretien des routes repose
donc sur la connaissance de l'usure, afin qu'on puisse
proportionner l'entretien à celle-ci.

Or, lorsque les routes sont en bon état, l'usure
peut être considérée comme constante, pour la même
fréquentation et déterminée par des expériences.
En mesurant cette quantité sur une route pendant
un an, on a l'usure annuelle.

Dans les expériences auxquelles s'est livré M. l'ingénieur Dupuit, on a pris pour unité de longueur
le kilomètre, et pour unité de fatigue le cent de
colliers de fréquentation, dans lequel les colliers
de voitures légères n'ont compté que pour un tiers.

Il résulte des expériences de cet ingénieur que
l'usure moyenne par centaine de colliers et par
kilomètre ne diffère pas beaucoup de $50^{m.c.}$,00.

Les résultats de M. Dupuit coïncident assez bien avec
la règle établie par M. Berthault, savoir que, malgré
l'incertitude qui naît du nombre et de la variabilité
des éléments du calcul, on peut établir moyennement qu'un ouvrier et demi par lieue, et pour chaque

centaine de colliers, suffit en général, à tous les ouvrages qu'exige l'entretien, cassage compris.

Ce qui revient à dire encore qu'une fréquentation d'une trentaine de colliers annuellement par kilomètre ne demande qu'une quinzaine de mètres cubes de pierres, qui, distribués sur une chaussée de 3 à 4 mètres de largeur, représentent, en chaussée enchevêtrée, une épaisseur d'un peu moins de 3 millimètres.

Or, des sondes nombreuses ont appris que, dans beaucoup de localités, l'empierrement, par suite des anciens rechargements exagérés, pour les routes les plus mauvaises est de $0^{m.c.}$,30 à $0^{m.c.}$, 40 de profondeur; dans le dernier de ces deux cas, il pourrait servir 80 ans.

Si comme dans certaines anciennes routes, la chaussée avait atteint 1^{m},50 d'épaisseur, elle pourrait durer encore 300 ans.

Un empierrement de 0^{m},20 d'épaisseur et de 6^{m},00 de largeur, soumis à une fréquentation de 100 colliers, aurait une durée de 24 ans, car elle perdrait chaque année 0^{m},0083 d'épaisseur.

Tout cela prouve combien il est fâcheux que des capitaux considérables soient enfouis dans des empierrements très-épais; ainsi, par exemple, si une chaussée est empierrée à 0^{m},30 d'épaisseur, là où 0^{m},10 pourraient suffire, on enterre un capital de

(1) Annales des ponts et chaussées 1842.

$0^m,20$, dont l'intérêt $0^m,01$ représente l'usure que l'on pourrait réparer chaque année et qui correspond à une fréquentation de près de deux cents colliers et de beaucoup supérieure à celle d'un grand nombre de routes en France.

Connaissant donc l'usure par la fréquentation (toujours d'après **M. Dupuit**), si nous voulons apprécier la dépense, voici comment nous raisonnerons :

La dépense d'entretien est d'autant plus forte que l'usure est plus grande et que le prix du mètre cube de l'emploi est plus élevé.

Cette proposition serait rigoureusement vraie si les cantonniers, outre les soins qu'ils donnent à la chaussée, n'avaient pas encore à maintenir les terrassements de la route, les talus, les aqueducs; à gazonner les berges, etc.

Le moyen le plus rationnel d'exprimer la qualité des matériaux, c'est de les juger d'après le résultat qu'ils ont produit; et d'exprimer ce résultat par l'usure qui correspond à l'unité de fatigue et à l'unité de distance.

Si 1 kilomètre à cent colliers de fréquentation, donne $50^{m.c.},00$ d'usure, on représente la qualité par $50^{m.c.},00$, quelle que soit d'ailleurs la nature géologique des matériaux. Si le kilomètre produit $80^{m.c.},00$ d'usure, le chiffre 80 représentera la qualité, et comme l'usure, est en raison de la fréquentation, elle sera en raison composée du chiffre de la fréquentation, multiplié par celui de la qualité.

Si, par exemple, une route subit une fréquenta-tion de 250 colliers et si en même temps les maté-riaux soumis à 100 colliers de fatigue, produisaient une usure de $36^{m.c.},00$, la fréquentation pour cent colliers étant 1, l'usure de la route sera exprimée par $2,50 \times 36^{m.c.},00.$

Quel sera maintenant le prix de cette usure?

M. Dupuit, se fondant sur ses propres expériences, admet qu'un cantonnier peut employer $200^{m.c.},00$ par an, et retirer en boue et en poussière la quantité correspondante; c'est-à-dire que l'emploi du mètre cube peut s'estimer à $^1/_{200}$ du salaire annuel de cet ouvrier. Ajoutant ce chiffre au prix de revient des matériaux tout cassés, on a la dépense totale de la fourniture et de l'emploi de $1^{m.c.},00$.

Or, puisqu'il est évident que la dépense de l'entre-tien est proportionnelle à l'usure et aux prix des maté-riaux employés; elle sera donc exprimée par le chif-fre de l'usure, multiplié par celui du mètre cube de matériaux, c'est-à-dire par *le produit du chiffre de la fréquentation, multiplié par celui de la qualité, multiplié par le prix du mètre cube des matériaux tout cassés et employés.*

Connaissant d'ailleurs la quantité de mètres cubes employés, on saura le nombre de cantonniers néces-saire à l'entretien de la route par kilomètre, en di-visant cette quantité par 200.

Supposons, par exemple, une route fréquentée à 100 colliers et dont l'usure soit $50^{m.c.},00$ par kilo-mètre et par 100 colliers.

Supposons en outre que le prix des matériaux soit de $3^f,00$ le mètre cube.

Si le salaire des cantonniers est 450^f, l'emploi coûtera donc $^{450}/_{200} = 2^f,25$ par mètre cube. Le prix de revient total du mètre cube est donc $5^f,25$, donc la dépense de l'entretien par kilomètre sera $1 \times 50 \times 5,25 = 262^f,50$.

S'il s'agissait d'une fréquentation de 250 colliers, d'une quantité de $70^{m·c·},00$ d'usure, par 100 colliers, d'un prix du mètre cube de matériaux égal à $7^f,20$, d'un salaire de cantonnier de 520^f, le mètre cube de l'emploi coûterait $2^f,60$, donc le prix du mètre cube de matériaux employés s'élèverait à $9^f,80$, donc la dépense de l'entretien par kilomètre serait égale à $2,50 \times 70 \times 9,80 = 1715^f$.

Les considérations précédentes permettent de démontrer combien les chiffres de l'entretien de diverses routes peuvent différer les uns des autres.

En effet, la fréquentation varie dans le même département de 1 à 10; on peut dire que les matériaux présentent des qualités qui diffèrent de 1 à 3 et que le prix de ces matériaux cassés y varie de 1 à 5; donc les dépenses d'entretien peuvent différer entre elles dans le même département, de 1 à $10 \times 3 \times 5 = 150$. On était loin de supposer de si énormes différences, si l'on en juge par les crédits accordés aux diverses routes des mêmes départements.

L'entretien des routes empierrées et cylindrées paraît être fort peu de chose pendant les premières années; ainsi, en moyenne, il a fallu à M. l'ingénieur Coulaine, $1^{m.c.}$,00 de matériaux d'entretien par kilomètre. Il est bien entendu que l'on ne prétend pas restituer à la route ce qu'elle a perdu, mais seulement la tenir sèche et unie par des ébouages et des balayages en temps utile.

Des expériences ont fait connaître en outre que si l'on représente par P et P' les prix des journées d'hiver et d'été, et par p et p' ceux de l'emploi du mètre cube, pris sur l'accotement et répandu sur la chaussée, on pouvait admettre, le temps nécessaire à cet emploi étant 1^h,50, que

$$p = 0{,}214\ \text{P},\ \text{en hiver};$$

$$\text{et } p' = 0{,}136\ \text{P}'\ \text{en été.}$$

De plus, si l'on tolère sur la chaussée (*en calcaire jurassique*) de 6^m,00 de large, une épaisseur uniforme de 0^m,005 de boue, et si d et d' représentent les prix d'enlèvement du mètre cube, séché et réduit en poussière, on trouve, par l'observation, que

$$d = 0{,}571\ \text{P},\ \text{en hiver};$$

$$\text{et } d' = 0{,}364\ \text{P}'\ \text{en été,}$$

Le temps nécessaire à l'enlèvement complet d'un mètre cube de ces détritus étant évalué à 4^h,00.

Le prix de l'entretien de l'emploi, jusqu'à prise

complète, peut être apprécié à $\frac{1}{10}$ du prix de cet emploi en été.

L'entretien des accotements, fossés et talus, peut être estimé à $0^f, 02$ par mètre courant, sur les routes dont la fréquentation est au-dessous de 200 colliers.

La dépense de l'enlèvement des neiges est trop variable pour qu'on puisse l'apprécier (1).

(1) Annal. des ponts et chaussées, 1842. M. B.

CHAPITRE III.

DES ROUTES FORESTIÈRES EN PARTICULIER.

§ Ier.

DES MOTIFS QUI DOIVENT DÉCIDER L'EXÉCUTION D'UNE ROUTE FORESTIÈRE.

Quand on veut établir une route forestière, les agents sont placés dans une position beaucoup plus simple et moins embarrassante que les ingénieurs des ponts et chaussées, chargés de reconnaître exactement tous les motifs qui doivent déterminer la construction d'une route d'un point à un autre du territoire ; car il leur est à peu près impossible d'apprécier mathématiquement la plupart des bénéfices que devra en retirer le pays, puisqu'il y a bon nombre de ces avantages qui ne peuvent s'écrire en chiffres ; et quant à la direction d'une semblable route, de nouveaux embarras se présentent à chaque instant, quand il s'agit de la fixer, puisque, suivant les principes de l'art, le tracé doit être le plus régulier possible, et qu'en pratique, on est souvent obligé de faire

plier cette exigence devant une foule de considérations accessoires. Ici, c'est une population industrielle dont il convient de favoriser les intérêts, en
faisant dévier à son profit la direction normale de
la route ; là, il faut avoir égard aux prix élevés de
certaines propriétés, que l'on peut éviter en traversant des champs d'une qualité inférieure, quelquefois
même des terrains communaux dont on n'est pas
obligé de faire l'acquisition, et à bien d'autres considérations encore.

La tâche de l'ingénieur forestier est évidemment
moins complexe : *joindre par le chemin le plus court
et le plus facile la forêt à exploiter avec les routes
vicinales, départementales ou royales qui offrent le
débouché le plus avantageux; tel est d'abord son
programme.*

En second lieu, le tracé une fois arrêté, les dimensions des travaux fixées et leur devis établi, il
ne reste plus qu'à comparer la dépense aux bénéfices
présumés. Or, ces bénéfices sont de plusieurs sortes
qu'il est convenable de spécifier particulièrement.

Lorsque la route forestière que l'on veut exécuter,
substituera une voie facile à d'anciens chemins, qui
presque tous offrent de très-grandes difficultés pour
les transports, il doit évidemment en résulter d'a-
bord une diminution dans les prix du transport des
bois jusqu'aux centres de consommation voisins, et
par suite une augmentation égale des prix d'adjudication des coupes. Pour apprécier d'abord cette

différence, on peut procéder de la manière suivante :

Supposons que la distance moyenne des coupes à la ville voisine soit D et que celle de ces mêmes coupes à la route vicinale, départementale ou royale sur laquelle le chemin de vidange vient déboucher, soit d, D-d sera la distance parcourue en belle route.

On peut, en prenant des informations dans le pays, savoir combien vaut le transport d'un stère de bois pour cette distance D-d; et, au surplus, on peut, à peu de chose près, calculer ce prix, pourvu que l'on connaisse celui du chariot du pays par jour, conducteur compris.

En effet soient : a ce prix.

n le nombre de stères chargés sur la voiture.

t le temps du chargement et du déchargement.

L'expérience prouve qu'un cheval, marchant au pas, en bonne route, peut transporter sa charge moyenne à une distance de $36,000^m,00$ et en travaillant 10 heures continuellement. Mais comme d'une part, pour aller chercher les bois à la forêt, la voiture est à vide, et comme pendant le chargement et le déchargement les chevaux se reposent, on peut admettre que la journée se compose de $12^h,00$ de travail non continu.

D'après cela, les n stères coûteront de transport $\frac{a}{18}$ par kilomètre, donc le stère pour la même distance reviendra à $\frac{a}{18\,n}$.

De plus, puisque pour $12^{h},00$ on paie a, pour le temps du chargement et du déchargement, on devra payer $\frac{at}{12\,n}$, donc le prix total du transport du stère à $1^{kil\cdot},00$ sera $\frac{a}{18\,n} + \frac{at}{12\,n}$ et si nous désignons par p le prix du transport du stère à $x^{kil\cdot},00$, la formule du transport des bois pour une distance qui n'excèdera pas $18^{kil\cdot},00$ sera

$$p = \frac{a}{36\,n}\left(2\,x + 3\,t\right) \qquad (1)$$

et pour la distance D-d en particulier, on aura

$$p = \frac{a}{36\,n}\left\{2\,(\text{D-}d) + 3\,t\right\}$$

Si, après cela, nous appelons P le prix actuel du transport à partir des coupes jusqu'à la ville, en retranchant de P le prix du transport sur la bonne route hors de la forêt, nous aurons le prix actuel du transport sur les mauvais chemins de vidange d'aujourd'hui, c'est-à-dire

$$\text{P} - p = \text{P} - \frac{a}{36\,n}\left\{2\,(\text{D-}d) + 3\,t\right\} \qquad (2)$$

Or, on sait que la longueur du parcours dans la forêt est d et ne coûterait plus que

$$\frac{a}{36\,n}\left\{2\,d + 3\,t\right\}$$

si la nouvelle route était faite. Si donc nous retranchons ce prix du prix actuel donné par la relation (2 , nous aurons le bénéfice que l'exécution de la route procurerait pour $1^{st \cdot}$,00. Si donc la forêt produit annuellement $N^{st \cdot}$,00, le boni annuel dû à la nouvelle voie et que nous appellerons **B**, serait

$$B = \left\{ P - \frac{a}{18\,n}\,(D + 3\,t) \right\}\,N.$$

S'il s'agit, par exemple, d'une forêt d'où l'on tire chaque année $4000^{st \cdot}$,00; si la distance à parcourir du milieu des coupes jusqu'à la ville est $12^{kil \cdot}$,00; si le prix du transport total est 3^{f},00; si $a = 5$, $n = 2^{st \cdot}$,50, et $t = 0^{h}$,625, on trouverait pour boni annuel

$$B = \left\{ 3 - 1,541 \right\} 4000 = 5836^{f},00.$$

Cet avantage, comme on le voit, peut être apprécié avec une exactitude suffisante en chiffres; mais il n'est pas le seul. Ainsi, dans certaines localités, les chemins en forêt sont tellement mauvais, qu'encore aujourd'hui, il y a des triages dans les forêts royales des Vosges, où l'on brûle le bois sur pied pour faire de la cendre, à cause de l'impossibilité de la vidange; dans un plus grand nombre d'autres, on débite les arbres en bûches, parce que les troncs et les bois de charpente ne peuvent descendre du sommet des montagnes; et, d'ailleurs, dans une bonne partie des forêts d'où on tire des billes à faire des planches et des bois de service, ces bois arrivent souvent au fond des vallées, plus ou moins détériorés par les chocs auxquels ils sont exposés, soit lorsqu'on les lance sur les pentes des coteaux, soit lorsqu'on les fait descendre par des chemins détestables, après les avoir attachés par un bout à l'avant-train d'un chariot ou à un traîneau. Il est bien évident que, dans tous ces cas, il y a de très-grands et immédiats avantages à créer des chemins faciles sur lesquels tous ces bois puissent descendre sans fatigue pour les conducteurs et sans détériorations. Certes, si l'on pouvait traduire ces plus values en argent, elles deviendraient bien supérieures à celles que nous venons d'attribuer à l'économie des transports. Ainsi, par exemple, dans la forêt de Haguenau, des spéculateurs ayant acquis, il y a peu d'années, environ 6 pieds de chêne propres à la marine, et qui devaient être flottés sur le Rhin jusqu'en Hollande, ont été obligés de dépenser 1800^f,00 de transport, rien que pour les tirer hors forêt jusque sur la route la plus voisine. Cette somme évidemment devrait en grande partie être ajoutée aux prix d'adjudication, si de bons chemins permettaient un trajet facile à ces grosses pièces.

Dans la forêt de *Noire-goutte*, arrondissement de Remiremont (Vosges) où l'extraction des bois était très-pénible il y a quelques années et où on a pratiqué de bons chemins, aujourd'hui les mêmes coupes qui se vendaient alors 10,000^f,00 viennent d'être adjugées cette année à 19,000^f,00 et cependant, *chose remarquable*, le prix du bois n'a pas augmenté dans cette localité, depuis longtemps. Tout l'avantage est donc dû à l'établissement des routes.

C'est à peu près comme si on avait doublé la superficie du sol de cette forêt, et cette augmentation déjà si considérable sera dépassée très-probablement les années prochaines, lorsque quelques portions de chemin qu'on va encore ouvrir compléteront tout à fait le système de vidange; et il ne faut pas perdre de vue que ces sortes d'améliorations ont un résultat dont le propriétaire, c'est-à-dire l'Etat, et les consommateurs jouissent immédiatement.

A toutes ces considérations, il faut ajouter que, par suite de l'établissement de bons chemins, les forêts sont mieux surveillées qu'une foule de chemins irréguliers se trouvent ainsi supprimés et restitués au sol forestier, tandis qu'en sillonnant la forêt dans tous les sens, ils nuisaient aux repeuplements et causaient des dégradations aux bois sur pied; en outre, l'enlèvement des bois dépérissants, rendu partout possible, fait disparaître un grand nombre d'insectes dévastateurs; les transports devenus faciles rendent les prolongations de délais de vidange moins fréquentes; et enfin, lorsque ces lignes de communication sont bien arrêtées, on peut définitivement établir les coupes conformément aux règles d'assiette.

Ainsi donc, quand l'ingénieur forestier aura apprécié avec toute l'exactitude qu'il pourra les avantages probables qui seraient dus à l'exécution d'une route ou d'un chemin, pour savoir si, en définitive, cette route devrait être exécutée, il faudrait qu'il pût comparer ces bénéfices au capital qui représenterait à la fois et les frais d'exécution de cette voie et la somme d'argent correspondante à la dépense de l'entretien annuel capitalisé. La comparaison de ces deux sortes de résultats indiquera s'il y a de fortes raisons à procéder à l'établissement de la route.

On voit par là qu'il est indispensable de pouvoir établir d'une manière suffisamment rigoureuse le devis détaillé des travaux à faire. Or, pour cela, il faut d'abord parfaitement connaître les dimensions des chemins et des routes qui peuvent être exécutés, selon les cas, dans les forêts de l'Etat, et c'est ce dont nous allons nous occuper dans le paragraphe suivant.

Ce travail de comparaison entre les bénéfices et les dépenses présumés, constitue parmi les différents mémoires qu'il faut joindre à la présentation des plans d'un projet, ce que nous appelons *le mémoire à l'appui*.

§ II.

DES DIMENSIONS DES ROUTES FORESTIÈRES.

Les routes forestières ont évidemment une moindre importance que les routes royales et départementales. Leur fréquentation d'abord est bien plus faible et se rapproche beaucoup de celle des chemins vicinaux, qui, comme nous l'avons déjà dit, ne dépasse guère 30 à 40 colliers. Ainsi, par exemple, une route forestière qui desservirait 700 hectares de bois de coupes annuelles de 20 hectares chacune, et dont l'hectare fournirait environ 250 voitures à un cheval, supporterait une fréquentatiou qui serait déjà au-dessus de la moyenne ordinaire. Sur cette route, en effet, passeraient annuellement (si comme dans la forêt de *Haie* près Nancy, l'aménagement était fixé à 35 ans), 5,000 voitures chargées à un cheval et 5,000 voitures à vide dont chacune pourrait être appréciée à $\frac{1}{3}$ de collier. Il y aurait donc en tout environ 6,666 colliers, qui correspondraient à 18 colliers par jour.

Ces routes peuvent être divisées en 2 classes bien distinctes : 1° celles qui ne doivent supporter le passage de voitures chargées que dans un sens; 2° celles où les chariots à charge doivent se rencontrer et où le chiffre de la fréquentation est le plus fort.

Dans les premières, il faut ranger d'abord tous les simples chemins de vidange, destinés à desservir un petit nombre de coupes et par conséquent à être soumis à un chiffre de fréquentation très-faible. Pour ceux-ci, il est évident qu'il faut leur donner la plus faible largeur possible. Ils rentrent, en effet, dans la catégorie des chemins vicinaux à une seule voie. Cette faible largeur ménage, autant que faire se peut, le sol forestier. Si d'ailleurs cette considération est peu importante en plaine et particulièrement dans les terrains humides, où l'air introduit dans la forêt par une large tranchée, active la végétation et compense ainsi la perte de terrain par la croissance plus rapide des arbres; en pays de montagne, les choses se passent tout différemment. Car, d'abord, lorsque, comme cela arrive presque toujours, il s'agit d'une route à mi-côte, les déblais rencontrent bientôt la roche et les frais d'exécution suivent une progression très-rapide, à mesure que s'accroît la largeur de la route. Ainsi, à ce point de vue, il est utile et profitable de ne donner à la voie que la dimension la plus faible que l'on peut. Et en second lieu, comme il est toujours dangereux d'ouvrir, dans les sapinières surtout, un accès aux vents d'ouest, plus l'ouverture est étroite et moins il y a de chances de donner prise aux ravages des ouragans; et quant à la direction à donner à ces chemins, au milieu des futaies de sapins, elle doit, autant que possible, être tracée perpendiculairement à la marche des vents.

L'expérience prouve que, dans beaucoup de cas, une largeur de 2^m, 50 à la voie, et pour fossés de simples rigoles de 0^m, 50 à la crête, de 0^m, 16, au fond et de 0^m, 17 de profondeur, suffisent à ces sortes de chemins. Dans les études pratiques de route auxquelles s'est livrée en 1845, la 1re division de l'école forestière, dans les forêts du cantonnement de Gérardmer, on a fait exécuter comme modèle dans la forêt communale de l'Ourson, 140^m, 00 courants de chemin de vidange avec les dimensions que nous venons d'énoncer, et il ne semble pas qu'il y ait aucunement lieu d'hésiter à adopter ces dispositions, toutes les fois que l'on aura affaire à une faible fréquentation. Le mètre courant de ce chemin, exécuté à l'économie, a coûté, (bénéfices de l'entrepreneur et frais d'outils compris) la somme de 1^f, 08.

La pente des remblais a été fixée à 1^m, 00 de hauteur sur 1^m, 50 de base. L'inclinaison des déblais à 45°, et enfin le bombement sur l'axe à 0^m, 06, c'est-à-dire à environ 0^m, 05 de pente transversale pour mètre.

Cependant, comme indépendamment des voitures qui sortent chargées, il en arrive d'autres à vide, il faut bien qu'elles puissent se croiser sans accident, c'est-à-dire passer à la fois dans les deux sens. Pour satisfaire à cette condition, il est nécessaire de ménager, de distance en distance, et particulièrement à chaque tournant, des espèces de *gares*, formées par un élargissement de la route assez considérale pour que deux voitures puissent s'y croiser sans peine. Ces gares auront donc au moins 4^m, 00 entre les fossés, et leurs bords iront insensiblement se raccorder avec les arêtes du chemin ordinaire. Ce raccord se fait convenablement à une distance de 10^m, 00, mesurée sur l'axe de chaque côté du point milieu de la gare.

Dans les sapinières, là où l'on exploite des bois qui fournissent des pièces de charpente qui peuvent avoir jusqu'à 25^m, 00 de longueur (maximum de la longueur des pièces que l'on flotte sur les rivières et ruisseaux des Vosges), ces tournants doivent encore, autant que possible, et cette condition est quelquefois très-pénible à remplir, à cause de la conformation même du terrain, être assez arrondis pour que de pareilles pièces posées d'un bout sur l'avant-train et de l'autre sur l'arrière-train d'un chariot puissent tourner sans frapper d'un côté la montagne et de l'autre les arbres qui ont crû sur le bord du chemin. Ce passage exige que la tangente à la courbe intérieure ait une longueur de 25^m, 00, ce qui, si cette courbe était un arc de cercle, porterait le rayon de courbure à environ 13^m,00.

Quand de pareils chemins sont exécutés sur des terrains humides et faciles à être défoncés, une faible fréquentation pourrait les rouager et y pratiquer bientôt des ornières. Si l'on veut éviter alors un empierrement qui les couvre sur toute leur largeur, on peut cependant augmenter leur solidité, en empierrant seulement les passages des roues, sur 0^m, 45 à 0^m,50 de largeur de chaque côté. Ainsi, l'on fait (1), aux emplacements de ces rouages de petites tranchées de 0^m, 15 à 0^m, 20 de profondeur. On emploie les terres de ces tranchées à remblayer le milieu et les côtés du chemin qui se trouve ainsi relevé et bombé, et ces tranchées acquièrent alors 0^m, 20 à 0^m, 28 de

(1) M. Pelonceau. Maison rustique. Chemins vicinaux.

profondeur, à la suite de ce remblai. Si l'on a des pierres ou des matériaux tendres, on en garnit les tranchées jusqu'à la moitié de leur hauteur. On fait passer des chariots à larges jantes, pour tasser cette première couche; puis, on remplit le reste de petites pierres bien cassées. Si l'on n'a que de la pierre dure, on pose d'abord les plus grosses et les plus plates au fond et les plus fines par dessus. On engage à mettre des pierres plates au fond, parce que ces petits massifs étant étroits et ne présentant pas, comme ceux des chaussées ordinaires, de larges plates-formes bien unies et faisant voûte, on aurait à craindre que la pression des roues ne fît enfoncer dans la terre leurs bords qui ne sont pas épaulés. On diminue cet inconvénient d'autant plus que les pierres plates du fond sont plus larges.

Dans les terrains pareils à ceux dont nous venons de parler, c'est-à-dire dans les parties basses, quelquefois les pierres sont rares; mais s'il s'agit d'un chemin à mi-côte, à moins qu'on n'opère dans le sable pur, la plupart du temps on ne tarde pas à rencontrer autant de pierres que de terre et bientôt davantage; si alors on jette en remblai ces matériaux pour en former la partie supérieure du chemin, il est bien facile de constituer ainsi à ce chemin, un bon empierrement à très-bon marché. Je suppose, par exemple, que l'on ait établi le chemin jusqu'à la hauteur du fond de la rigole, et par conséquent sur une largeur de 3^m, 25; il suffira, pour terminer le travail, d'y jeter par dessus une couche de pierres de toutes gros

seurs, qu'un homme armé d'une masse de fer s'occupe-
ra à casser de la grosseur jugée convenable, jusqu'à
ce que la couche ainsi formée ait atteint $0^m, 15$ d'é-
paisseur On aura ainsi un bon empierrement et le
fossé se trouvera tout creusé.

Mais quand la fréquentation augmente beaucoup
et qu'elle s'approche de 20 à 30 colliers par jour; ou
bien, lorsque les besoins du service exigent que des
voitures puissent se croiser partout sur la voie, la largeur que nous venons d'indiquer serait insuffisante ;
et le minimum qu'on puisse lui fixer, c'est évidemment $4^m, 00$ de largeur, c'est-à-dire celle des gares
dont nons parlions tout à l'heure, et où doivent se
croiser deux de ces chariots étroits qui sont généralement en usage dans les pays de montagne. Cette
ouverture de $4^m, 00$, la plus faible qu'on puisse
donner à ces voies que nous commencerons à dési-
gner sous le nom de *routes forestières*, convient de
préférence encore aux pays de montagnes, à cause
de ces grands vents dont nous avons déjà parlé et
dont les effets sont si redoutables dans les futaies
résineuses. Il y a là aussi, comme pour les simples
chemins de vidange, économie de terrain et de dépense
d'exécution.

En 1844, la première division de l'école royale
dans ses exercices pratiques sur le terrain, a fait exécuter $100^m, 00$ courant de route de $4^m, 00$ de largeur,
sur un terrain qui avait paru offrir, au moins, des
difficultés moyennes de construction. L'empierrement

d'une épaisseur très-considérable, puisqu'elle dépassait 0^m, 40 à 0^m, 50, a été pris sur les déblais, la terre ayant manqué, et malgré cela, le mètre courant (bénéfice d'entrepreneur et frais d'outils compris) ne s'est élevé qu'à 1^f,80.

Les fossés ont été fixés à 0^m,75 de largeur à la crête, à 0^m,25 au fond et à 0^m,25 de profondeur. Les talus ont, comme tout à l'heure, une inclinaison de 45° pour les déblais, et une pente de 1 ¼ de base sur 1 de hauteur pour les remblais.

Enfin dans les lieux où les tranchées deviennent, par la disposition même du terrain, une circonstance favorable à la végétation, et à l'assèchement des routes forestières, par l'air qu'elles font circuler dans la forêt; si, en outre, des dépôts de bois doivent être établis sur les routes, on pourra, sans inconvénients, en porter la largeur jusqu'à 7 ou 8 mètres entre fossés.

Ces sortes de routes nous paraissent alors pouvoir être assimilées aux routes stratégiques que l'administration des ponts et chaussées a fait exécuter dans l'Ouest de la France, et dont le chiffre de fréquentation surpasse presque toujours celle des routes en forêts. Nous pensons que celles de ces routes stratégiques que l'on a fixées à 7^m,00 de largeur, conviennent plus que toutes les autres pour servir de modèle aux nôtres.

Il y a d'ailleurs une circonstance particulière à l'établissement de ces routes de l'Ouest et qui mérite d'être spécialement mentionnée, c'est que des tables ont été calculées pour leur construction, et que ces tables peuvent servir pour l'établissement de toutes les autres routes semblables , en épargnant ainsi des calculs très-longs et très-pénibles. Il est donc évident qu'il y a, pour l'ingénieur forestier, un avantage incontestable et immédiat à se mettre à même de pouvoir employer ces tables à son profit, et par conséquent à adopter les mêmes profils.

Il y aura lieu seulement de diminuer souvent l'épaisseur de l'empierrement qui , dans ces routes de l'Ouest, est fixée à $0^m,20$. En effet, à cet égard, il faut bien faire attention que les routes forestières, aussi bien que les simples chemins de vidange, sont soumises à des fréquentations très-variables, selon qu'on les examine à divers points de leur parcours; car si l'on se représente une route forestière, partant d'une des extrémités de la forêt, soit en plaine, soit en montagne, pour venir, en la traversant, déboucher sur une route vicinale, départementale ou royale, il est évident qu'à mesure que son trajet s'allongera au milieu des coupes, elle aura à subir une fatigue plus considérable, puisque non-seulement les produits des parties voisines de la forêt, à droite et à gauche, viendront y passer, mais aussi tous ceux des coupes les plus éloignées. Il serait donc inutile de donner à l'empierrement le même degré de résistance, puisque l'on voit que certaines parties de la route, celles qui avoisinent la sortie de la forêt sont beaucoup plus fatiguées que les autres.

Or, cette partie la plus fatiguée de la route forestière a tout au plus une fréquentation égale à celle des chemins vicinaux, et nous savons que les ingénieurs tout spéciaux que nous avons cités ailleurs, s'accordent à regarder comme suffisamment épais pour les chaussées de ces voies un empierrement de $0^m,07$ à $0^m,10$, en les supposant d'ailleurs dotées d'un entretien régulièrement organisé. Pourquoi donc voudrait-on, quand un empierrement plus épais deviendrait coûteux, s'obstiner, comme on le voit faire souvent, à enfouir sur la route un capital inutile?

Mais si cet empierrement de $0^m,10$ suffit grandement aux parties d'une route forestière les plus fatiguées, à plus forte raison est-il assez fort pour celles qui le sont moyennement, et en suivant ce raisonnement, on conçoit qu'on peut le diminuer successivement jusqu'à zéro, dans les parties où la fréquentation est pour ainsi dire nulle.

Toutes les fois que la route forestière est en montagne, nous avons dit que la pierre est presque toujours facile à trouver à bon marché, aussitôt que les terrassements ont fait entamer le coteau et enlever une certaine épaisseur de terre. En plaine, l'enlèvement de cette première couche n'a plus lieu, et, par conséquent, la pierre se montre moins; mais alors il y a souvent deux fossés à ces sortes de routes en plaine, et on peut, lorsqu'on creuse ces fossés, mettre de côté les pierres qu'on y rencontre pour en former un empierrement, et quelquefois même pour cela élargir et creuser davantage ces fossés. Mais enfin, si on a besoin de pierres, et si la pierre manque au point où l'on se trouve, on est obligé d'en aller chercher au loin; quelquefois même le sol de la forêt n'en offre pas de bonne qualité; il faut bien alors avoir recours à des carrières étrangères, et pour avoir le droit d'y puiser des matériaux, payer au propriétaire une certaine indemnité.

Les routes stratégiques de 7^m,00 de largeur qui nous paraissent devoir servir de modèle aux routes forestières dans les pays peu accidentés, ont un empierrement fixé à 3^m,00 de largeur.

On pourrait objecter à cette disposition, que deux grosses voitures, chargées de bois ou de fagots, ne peuvent se croiser sur cet empierrement; qu'elles sont alors obligées de se détourner sur les accotements et de les détériorer; mais c'est le cas de se rappeler que sur beaucoup de routes forestières, les voitures chargées ne se dirigent, la plupart du temps, que dans un seul sens. Or, il n'y a pas grand danger pour les accotements, s'ils sont parcourus dans de courts intervalles par des voitures à vide, et quand bien même ces voitures seraient chargées, le faible chiffre de la fréquentation leur causerait encore une fatigue moindre que celles que supportent les routes stratégiques.

Quant aux fossés, leur largeur est de 0^m,94 à la crête, leur profondeur de 0^m,33 et leur largeur au fond de 0^m,31; au surplus, pour les accotements, on

peut, sans inconvénients, en forcer un peu la pente
transversale et même l'établir au moment de la
construction un peu plus considérable qu'elle ne doit
rester plus tard, à cause du tassement des terres
qui ne manquera pas de l'abaisser. Cette précaution
est surtout nécessaire dans les terrains argileux. Là,
on pourra, sans inconvénients, porter cette inclinaison
à $0^m,04$, et même à $0^m,05$ par mètre, tandis que dans
les terrains ordinaires, on peut se contenter de $0^m,03$,
selon MM. Dumast et Polonceau.

Les largeurs des fossés que nous avons indiquées
jusqu'ici diffèrent de celles qui ont été fixées à
ceux des routes forestières, par la circulaire du 21
septembre 1838, savoir :

> Largeur à la crête...... $1^m,50$
> Profondeur.......... 0 ,75
> Largeur au fond...... 0 ,15

Voici l'exposé des motifs de cette circulaire.

« Les véritables dimensions, celles qui sont adop-
» tées par l'administration des ponts et chaussées,
» donnent toujours 45° d'inclinaison aux faces de ces
» fossés. Il était facile de donner des bases pour l'ob-
» tenir, mais il fallait réduire la profondeur, ou ne
» donner aucune largeur au fond. Cependant, la pro-
» fondeur ne peut être moindre et, d'un autre côté,
» on ne peut se dispenser d'établir une largeur quel-
» conque au fond, ne fût-ce que pour faciliter au

» terrassier les moyens de poser ses pieds pour
» achever le fossé. »

Nous ferons observer que cette circulaire qui a
pour but de donner, par la profondeur $0^m,75$ aux
fossés, une défense à la forêt, n'atteint ce but que pour
le petit nombre de parties de route qui sont en
terrain naturel ou en déblai et pour lesquelles elle
paraît avoir été faite.

Car s'il s'agit d'une route à mi-côte, cette route a,
à la vérité, un fossé du côté du déblai, mais du côté
du remblai, le fossé n'existe plus ; le talus d'autre
part n'a plus que 1 ¼ de base sur 1 de hauteur, et
par conséquent de ce côté la défense est nulle. Le
but qu'on se proposait est donc manqué, et à plus
forte raison pour le cas où la route est tout à fait en
remblai et où les deux fossés sont supprimés.

Nous avons donné plus haut des résultats d'expériences sur le cylindrage des chaussées de 6^m, 00 de
largeur et de 0^m, 20 à 0^m, 25 d'épaisseur; nous allons
maintenant parler du cylindrage de celles qui n'ont
qu'environ 0^m, 10 d'empierrement, c'est-à-dire l'é-
paisseur que nous avons fixée pour celui des routes
forestières et qu'on aurait probablement avantage à
enchevêtrer par ce moyen, avant de les livrer à la
fréquentation.

Le nombre des passages nécessaire, dit M. l'ingénieur Dumast(1), pour opérer la liaison des matériaux,

(1) Annales des ponts et chaussées, 1843.

dépend de la nature de ceux-ci, un peu de celle du sol et beaucoup de l'épaisseur de la couche. Les chaussées de 0^m, 10 sont celles qui se lient le plus promptement. Il y a alors si peu de distance entre la surface inférieure qui s'appuie sur le sol et la surface supérieure saupoudrée de détritus, que tous les vides se remplissent aisément et que tous les matériaux se trouvent en contact avec des matières tendres qui les fixent sans peine sous la pression du cylindre. Dans ce cas, huit ou dix passages sur chaque point de la chaussée sont à peu près suffisants; savoir : deux à sec et à vide; deux à vide, après le répandage des détritus; deux à plein et deux avec charge entière , enfin un dernier passage à 8 ou 15 jours de distance après que la route a été livrée au public.

Dans ces expéxiences, M. Dumast admet qu'on se serve d'un cylindre de fonte creux, accompagné d'un châssis susceptible de recevoir un chargement plus ou moins considérable. Ce cylindre est supposé peser $3,000^k$. 00 vide , $6,000^k$, 00 plein et 8 à $10,000^k$, 00 au plus avec la charge maximum du châssis. La pression peut donc varier de 20 à 75 kilogrammes par zone d'un centimètre, et elle est ainsi bien inférieure à celle des grosses voitures de roulage. Mais son action n'est pas la même ; car les matériaux pressés en même temps sur une grande étendue ne peuvent pas s'échapper et se déranger comme lorsque les roues des voitures viennent à peser sur la chaussée.

Tous les passages dont il vient d'être question

peuvent se faire à peu près avec le même nombre
de chevaux, quoique l'on augmente successivement
le poids de la machine, parce qu'en même temps, l'uni
de la surface devenant plus parfait, le frottement
diminue. Il faut d'ailleurs prendre garde de n'imposer
aux chevaux qu'un effort modéré de traction ; sans
quoi leurs pieds, forcés de chercher un point d'appui
dans la chaussée, détruiraient à chaque instant le
commencement de liaison opérée par le cylindre.
C'est ce qui rend l'opération difficile et dispendieuse
dans les rampes.

Le rouleau qui nous paraîtrait le mieux approprié
à nos routes serait celui que nous avons décrit d'après
M. Polonceau et qu'il conseille pour les chemins
vicinaux. Cependant, on ne pourrait employer cet
instrument que sur les routes forestières qui n'offriraient que de faibles déclivités. En pays de montagnes,
il faudrait laisser tasser les matériaux par les roues
des chariots ou piloner.

§ III.

DÉPENSE DE L'EMPIERREMENT D'UNE CHAUSSÉE.

L'administration a l'habitude de faire, autant que possible, extraire par les gardes terrassiers la pierre des
carrières qui, la plupart du temps, sont dans la forêt
même et choisies au plus près de la route, et aussi de

la faire casser par eux, quand elle a été transportée à pied d'œuvre par des entrepreneurs. Quand la quantité de matériaux à extraire et à casser devient trop considérable, on est obligé d'avoir recours aussi à des entrepreneurs. Le prix total du mètre cube de l'emploi se compose donc de trois éléments : 1° extraction de la carrière et cassage; 2° transport à pied d'œuvre; 3° emploi.

Pour obtenir le prix d'extraction et du cassage du mètre cube, on pourra procéder de la manière suivante :

On tiendra un compte exact :

1° Du prix a des déblais à exécuter pour la découverte de la carrière.

2° Du temps t nécessaire au déblai de n mètres cubes de pierres déposées sur le bord de la fouille.

3° Du temps t' nécessaire au cassage de ce même nombre de mètres cubes.

Le temps nécessaire à l'extraction et au cassage d'un mètre cube sera évidemment $\dfrac{t + t'}{n}$. Si donc p représente le prix d'une journée de 10 heures, $\dfrac{p\,(t + t')}{10\,n}$ sera celui que coûtera l'extraction et le cassage du mètre cube; si donc il s'agit d'un nombre N de mètres cubes, et si l'on en désigne le prix par P, on posera

$$P = \frac{p\,(t + t')}{10\,n}\,N + a \qquad (1)$$

Il faudra ajouter à cette somme le prix du transport de ces N mètres cubes déposés en tas sur la longueur de la route que l'on veut empierrer et que je désigne par L^{kil},00.

Si la forêt ne présente pas de bonnes pierres, ce qui arrive rarement, on sera obligé d'en aller extraire sur des terrains communaux, ou sur des propriétés particulières, et dans ce dernier cas, on sera obligé de payer une indemnité de carrière.

Quant à la dépense du transport, on pourra facilement la calculer, si l'on parvient à connaître la distance moyenne à laquelle les matériaux doivent être conduits. Cherchons donc cette distance.

Supposons qu'une carrière soit située à une distance D de la route, et que le chemin de communication de la carrière à la route vienne rencontrer celle-ci en un point, qui en divise la longueur totale L en deux parties l et l' exprimées en kilomètres.

Soient : s la somme des mètres cubes à transporter sur l.

s' celle à transporter sur l'.

Chaque mètre cube à transporter sur la première moitié de l aura à parcourir $D + \frac{l}{2} - \delta$, δ étant une quantité indéterminée. Mais, à chacun de ces mètres cubes, en correspondra un autre sur la seconde moitié de l qui devra parcourir $D + \frac{l}{2} + \delta$, la somme des distances parcourues par ces deux mètres cubes, sera $2 D + l$, donc la distance qu'un d'eux parcourra , sera $D + \frac{l}{2}$, et comme on en peut dire autant de tous les autres mètres cubes à déposer sur l, il s'ensuit que la distance moyenne parcourue par chaque mètre cube destiné à l'empierrement de la longueur l de la route, sera $D + \frac{l}{2}$. Donc les s mètres cubes parcourront $\left(D + \frac{l}{2}\right) s$.

Par le même raisonnement, on trouvera que les s' mètres cubes à répandre sur l' parcourront $\left(D + \frac{l'}{2}\right) s'$. Donc les $s + s'$ mètres cubes seront transportés sur une distance représentée par

$$\left(D + \frac{l}{2}\right) s + \left(D + \frac{l'}{2}\right) s'.$$

Et si l'on divise cette somme par $s + s'$, on aura la distance moyenne parcourue par un mètre cube sur la longueur L de la route; en la nommant x, on aura :

$$x = \frac{\left(D + \frac{l}{2}\right) s + \left(D + \frac{l'}{2}\right) s'}{s + s'} ; \text{ et comme } \frac{s}{s'} = \frac{l}{l'} \quad \text{d'où}$$

$$s = s'\frac{l}{l'} ; \text{ on en tire :}$$

$$x = \frac{2 (l + l') D + l^2 + l'^2}{2 (l + l')} = D + \frac{l^2 + l'^2}{2 (l + l')} = D + \frac{l^2 + l'^2}{2\, L}$$

Si donc v représente le prix du transport à L kilomètre, N mètres coûteront, en désignant par P', cette dépense ;

$$P' = v\,N\left(D + \frac{l^{\flat} + l'^{\flat}}{2\,L}\right).$$

Le prix total des matériaux de l'empierrement sera donc, si je le représente par E :

$$E = \left\{\frac{p\,(t + t')}{10\,n} + v\left(D + \frac{l^{\flat} + l'^{\flat}}{2\,L}\right)\right\}N + a \quad (2)$$

Il arrive quelquefois qu'après avoir ouvert une carrière destinée à fournir les matériaux de l'empierrement d'une partie de la longueur d'une route, on en ouvre une seconde qui est plus à proximité de l'autre extrémité de cette route. Je suppose que la distance de la première carrière à la route soit D, que celle de la seconde à la même route soit D', et que la distance entre les deux points où viennent déboucher sur la route les chariots partis des deux carrières, soit d.

On conçoit qu'il importe de savoir, pour calculer les distances moyennes de transport des mètres cubes sortis de chaque carrière, jusqu'à quel point de la longueur d de la route il conviendra de porter les matériaux de chaque carrière.

Soit x la distance de ce point à l'extrémité de d qui est la plus proche de la carrière D', $d-x$ sera celle de ce point à l'autre extrémité de d où vient déboucher le chemin de la carrière D.

Soient : P, le prix du mètre cube de pierres à la première carrière,

P$'$, le prix du mètre cube à la seconde,

p le prix du transport pour $1^{\text{m.c.}},00$ partant de la première carrière,

p', celui du transport de $1^{\text{m.c.}},00$ fourni par la seconde,

à la distance $\mathbf{D} + x$, le mètre cube coûtera

$$\mathbf{P} + p\,(\mathbf{D} + x),$$

à la distance $\mathbf{D}' + d - x$, le mètre cube coûtera

$$\mathbf{P}' + p'\,(\mathbf{D}' + d - x).$$

Cela posé, il est évident que l'on devra porter les pierres jusqu'au point de la longueur d pour lequel les prix de transport du mètre cube seront les mêmes; car ces prix devenant inégaux pour les parties de d situées à droite et à gauche de ce point, il y aura plus d'avantage à y porter les pierres d'une carrière que celles de l'autre. On tirera de là

$$\mathbf{P} + p\,(\mathbf{D} + x) = \mathbf{P}' + p'\,(\mathbf{D}' + d - x)$$

D'où $x = \dfrac{\mathbf{P}' - \mathbf{P} + p'\,(\mathbf{D}' + d) - \mathbf{D}\,p}{p + p'}$.

Si pour plus de simplicité, comme cela arrivera fréquemment, on suppose $p = p'$, il en résultera

$$x = \frac{\mathbf{P}' - \mathbf{P}}{2\,p} + \frac{\mathbf{D}' - \mathbf{D} + d}{2}.$$

Si enfin, on admet que les prix à la carrière soient les mêmes, c'est-à-dire si $\mathbf{P} = \mathbf{P}'$, la valeur de x devient

$$x = \frac{\mathbf{D}' - \mathbf{D} + d}{2}.$$

§ IV.

DES PENTES DES ROUTES FORESTIÈRES.

Nous venons d'indiquer les dimensions qu'il convient de donner à une route forestière selon les cas, et la pente qu'elle doit présenter en largeur à partir de l'axe; il convient maintenant de savoir quelles sont les diverses pentes ou rampes qu'elle peut présenter de préférence en longueur, ces pentes et ces rampes étant mesurées sur l'axe.

L'expérience prouve : 1° que l'écoulement des eaux se fait mal dans les fossés, quand la pente n'approche pas $0^m,008$ pour mètre et que par conséquent il faut éviter, autant que possible, les routes tout à fait horizontales; et en effet, il serait possible que sur une pareille route parfaitement entretenue, on parvînt à faire marcher convenablement, en tous temps, des chariots chargés au maximum; mais la difficulté d'obtenir cet entretien parfait et la dépense qu'il entraînerait, compenseraient le bénéfice de cette surcharge.

2° Les inclinaisons les plus favorables à l'entretien paraissent être de deux à trois centimètres par mètre; elles sont suffisantes pour permettre un écoulement prompt des eaux; elles ne sont pas assez fortes pour que le sol de la route soit raviné et l'aggrégation des matériaux détruite.

Il existe quelques expériences sur le décroissement des poids transportés sur les routes ordinaires, suivant leur degré d'inclinaison, et qui ont donné les résultats suivants :

Rampe par mètre.	Poids transportés.
0^m, 000	$11,000^{kilog}$, 00
0 , 010	9,900 00
0 , 020	8,955 00

On en déduit que le chargement en plaine doit être diminué d'un dixième sur une rampe de 0^m,01 par mètre et environ de $^1/_5$ sur une pente de 0^m,02, d'où l'on pourrait conclure que ces rampes et ces pentes sont très-nuisibles au roulage qui cependant y charge aussi fort qu'en plaine. Mais il faut faire attention que si, d'un côté, les chevaux font un effort plus grand sur ces rampes qu'en plaine, de l'autre, ils reposent ceux de leurs muscles qui ont servi à la traction, lorsqu'arrivés à la faible descente de 0^m,02 pour mètre, ils laissent aller le chariot sans être obligés de le tirer.

Sur ces pentes de 0^m,02 et même sur celles de 0^m,03, on peut regarder, comme n'étant pas avantageux pour l'entretien, les travaux de déblai et de remblai qu'on entreprendrait pour réduire la pente. On peut même la pousser jusqu'à 0^m,05 par mètre. Car si, d'une part, la chaussée construite ainsi offre plus de chances de détérioration, de l'autre il faut

bien remarquer que si l'effort momentané des attelages est plus grand, il dure aussi moins longtemps
que sur une pente plus faible, mais qui fournit une
partie de chaussée plus longue à entretenir.

L'expérience prouve encore que cet entretien devient fort difficile lorsque la pente excède $0^m,08$ pour
mètre.

Dans le tracé des routes forestières se présente,
comme dans ceux des autres routes, la question de
savoir quelles sont les pentes ou les rampes les plus
avantageuses à la traction et à l'entretien tout à la
fois. Mais sur les routes forestières, cette question
est évidemment beaucoup moins complexe que sur
les routes ordinaires. En effet, dans le premier cas,
les chariots qui conduisent les bois dans une même
localité, ont à peu près tous la même construction,
la même charge, et le même attelage, marchant
d'ailleurs constamment au pas. En second lieu,
ces sortes de transports se font où peuvent se faire,
la plupart du temps, avec plusieurs voitures qui
marchent l'une après l'autre, et lorsqu'on arrive au
pied d'une côte, on double souvent les attelages à
la manière des charretiers francs-comtois.

Il n'en est pas de même sur les autres routes ; sur
celles-ci doivent circuler des véhicules de tout genre,
tirés par des attelages variés et marchant avec toutes
sortes de vitesse.

Chargé du cours de construction à l'école forestière,
j'ai dû, en conséquence, me préoccuper de déterminer

les inclinaisons des rampes qui, avec un effort donné, produisent le plus grand effet utile ; et aussi quelle est la rampe la plus avantageuse pour le doublement des attelages.

En consultant les travaux des hommes spéciaux sur ce sujet, on reconnaît que dans les temps déjà reculés, où les chariots qui fréquentaient les voies de communication n'y marchaient qu'avec lenteur, au pas des bœufs, des mulets ou des chevaux, on ne craignait pas de tracer des routes avec des inclinaisons fort rapides. L'idée de prendre la direction la plus courte semblait prédominer, quelles que fussent les pentes ou les rampes qui devaient en résulter ; et c'est encore ce qu'on rencontre aujourd'hui dans beaucoup de chemins vicinaux qui présentent des inclinaisons qui s'élèvent jusqu'à $0^m,10$ par mètre et même davantage.

A mesure que la civilisation a marché et qu'on a senti le besoin de franchir les distances avec rapidité, les pentes se sont abaissées, et aujourd'hui l'administration des ponts et chaussées rectifie, autant qu'elle le peut, les routes qui offrent des déclivités au-dessus de $0^m,045$ p. m., $0^m,04$ et même $0^m,035$.

M. l'Ingénieur en chef Lenglier, dans un mémoire publié dans le 2me volume de la collection lithographique des ponts et chaussées, est parvenu par des calculs théoriques à cette conclusion que la plus forte rampe qu'on puisse admettre dans un projet de route, ne doit jamais dépasser $0^m,06$ p. m.

Les Annales des ponts et chaussées ont publié (1832,
1er seméstre, page 45) un Mémoire de MM. Corrèze
et Manès, où ces ingénieurs établissent par le calcul
(page 160) que la pente la plus avantageuse peut être,
suivant les cas, $0^m,07$, $0^m,08$, $0^m,09$ et même $0^m,10$
p. m.

Après les recherches de ces ingénieurs, M. Goux
a démontré par le calcul que l'inclinaison la plus favorable pour un cheval au pas devait être, selon le
chargement, tantôt $0^m,05$, tantôt $0^m,07$ p. m.

M. l'ingénieur Devilliers, d'après des expériences
faites sur la route de Lyon à Genève (Côte de Cerdon)
a conclu que la vitesse la plus favorable était celle de
$1^m,00$ par seconde et que la quantité d'action est
d'autant plus grande que la pente est plus rapide. Ses
observations ont porté sur des rampes diverses jusqu'à $0^m,09$ et même $0^m,098$. Elles prouveraient, dit
cet ingénieur, que l'animal qui tire n'a pas l'instinct
de sa conservation.

Enfin, M. Favier a déduit, de spéculations de haute
analyse, que l'on ne devrait jamais dépasser la pente
de $0^m,035$ p. m.

On voit, d'après les chiffres que je viens de citer au
sujet des inclinaisons les plus favorables à la traction,
que les opinions des hommes spéciaux sont encore
loin d'être fixées, et que d'ailleurs la majeure partie
de ces conclusions reposent sur des données théoriques. Cette divergence d'opinions tient surtout à ce
que les ingénieurs sont obligés de faire entrer dans

leurs calculs des éléments nombreux et qui se contra-
rient réciproquement. Ils doivent, en effet, avoir
égard, ainsi que nous l'avons déjà dit, aux diverses
sortes de véhicules et d'attelages et en outre aux
allures variées que peuvent prendre ces attelages.

Aux renseignements qui précèdent, j'ajouterai encore que l'homme aussi a été employé comme moteur
sur des rampes, et l'on sait que l'inclinaison la plus
convenable pour la conduite des brouettes a été fixée
par l'expérience à $^1/_{12}$ ou à $0^m,083$ p. $^0/_0$.

Quand on passe en revue ce qui a été écrit sur le
sujet qui nous occupe, on est étonné du petit nombre
d'expériences tentées à cet égard. Considérée au point
de vue de la physique générale, la question des
pentes et des rampes n'a jamais été soumise à des
expérimentations directes et indépendantes des influences que peuvent exercer sur elle les différents
moteurs animés qu'on emploie pour la traction.

J'ai donc cru devoir chercher, par des essais en
petit, à étudier directement les lois générales de la
traction par des expériences précises.

J'ai fait construire pour cela un petit chariot de fer
porté sur quatre galets de cuivre. Ce chariot, chargé
de plusieurs morceaux de bois, pesait 1450 grammes.

Pour mesurer exactement les temps que ce chariot
emploierait à parcourir une distance connue, j'ai eu
recours à un compteur à cadran, tiré du cabinet du
docteur de Haldat. Je l'ai réglé au cran le plus bas et
de manière à lui faire battre 172 pulsations par
minute.

Après cela, j'ai posé le chariot sur une planche horizontale de $1^m,70$ de longueur, au bout de laquelle était fixée une poulie.

Un cordonnet de soie, ayant été noué à l'avant du chariot, a été posé, en outre, sur la gorge de la poulie, et j'ai suspendu à son extrémité le plateau d'une balance, sur lequel était placé un poids de 60 grammes (compris le cordonnet) égal au 24me du poids $1450^g,00$ du chariot chargé. Ce chariot, tiré par ce poids, s'est mis à marcher lentement et a parcouru $1^m, 50$ dans le temps nécessaire pour que le compteur battît 35 coups.

On voit que les choses étaient disposées ici, à peu près, comme lorsqu'il s'agit d'un chariot ordinaire sur une route empierrée, sur laquelle l'effort de traction est évalué environ à $\frac{1}{25}$ du poids à transporter.

Ces bases une fois bien établies, au moyen d'une règle tout nouvellement dressée et d'un bon niveau à bulle d'air, j'ai fait prendre à la planche des pentes de $0^m, 01$, $0^m, 02$, $0^m, 03$...., $0^m, 10$ pour mètre.

Sur chacune de ces inclinaisons, j'ai fait remonter le chariot sur un espace de $1^m, 50$, au moyen d'un même poids placé sur le plateau de la balance. Ce poids était de 244 grammes; il a été fixé de manière à pouvoir faire gravir facilement au chariot la rampe de $0,^m10$.

Ce poids étant toujours le même, ainsi que la distance parcourue, il est évident qu'en comptant le temps nécessaire au parcours de $1^m,50$ sur chaque rampe et en en déduisant le temps que le chariot a mis, chaque fois, à s'élever de $0^m,004$, on a pu déterminer à quelle pente correspondait le temps minimum, et par conséquent celle qui produisait, avec la même force, l'effet utile le plus grand; c'est-à-dire celle qui était la plus favorable à la traction opérée par la force de 244 grammes.

J'ai dressé le tableau *A* qui suit, au moyen de ces expériences, et je dois dire qu'elles ont été recommencées, chacune, un assez grand nombre de fois, pour que je puisse répondre de leur très-grande exactitude.

TABLEAU *A*.

POIDS attaché sur la poulie.	RAMPES par MÈTRE.	DISTANCES hori-zontales.	HAUTEURS auxquelles on s'est élevé dans chaque expérience.	NOMBRE de batte-ments du COMPTEUR	TEMPS nécessai-re pour s'élever à 0,001.	OBSERVATIONS.
	m	m	m	b	h	
	0,00	1,5000	0,0000	4,50	0,000	L'horizontale, sur laquelle on s'est guidé pour déterminer les pentes, a été éta-blie à chaque ex périence avec un long niveau à bulle d'air et avec une règle épaisse nouvellement rectifiée.
	0,01	1,4992	0,0149	4,80	0,323	
	0,02	1,4986	0,0299	5,00	0,166	
	0,03	1,4979	0,0449	5,20	0,113	
	0,04	1,4970	0,0598	6,00	0,106	
244 gr.	0,05	1,4960	0,0728	7,00	0,090	
	0,06	1,4949	0,0938	7,25	0,077	
	0,07	1,4937	0,1045	7,80	0,074	
	0,08	1,4922	0,1193	8,50	0,071	
	0,09	1,4903	0,1341	9,25	0,068	
	0,10	1,4880	0 1448	12,00	0,080	
	0,11	1,4855	0,1634	15,00	0,091	

Si l'on jette les yeux sur ce tableau, on voit par la 5me colonne, qu'à la déclivité de $0^m,09$, correspond le temps le plus court, nécessaire au chariot pour monter de $0^m,001$.

D'autre part, cette 5e colonne indique que pour parcourir la longueur de $1^m,50$ sur la planche, le chariot a dû employer sur cette rampe $9^{batt.},25$, et $8^{batt.},50$ sur celle de $0^m,08$, tandis qu'il n'avait fallu que $4^{batt.},50$ sur l'horizontale. Ainsi, entre les rampes de $0^m,08$ et $0^m,09$, se trouve l'inclinaison sur laquelle il faut une force double de celle qui est nécessaire sur l'horizontale pour faire parcourir le même chemin de $1^m,50$ de longueur.

Ces résultats sont indépendants de la nature de la force de traction, et il nous semble qu'ils étaient indispensables pour avoir un terme fixe de comparaison.

Si, après cela, nous voulons confronter les résultats de nos expériences avec ceux que nous avons cités précédemment, et qui sont indiqués par les ingénieurs pour la traction des chariots par des chevaux, nous nous demanderons d'abord quelle est l'allure la plus avantageuse des chevaux pour le roulage? Or, on sait que c'est sans contredit le tirage au pas qui est le plus avantageux. Ainsi donc, si nous rapprochons les chiffres calculés par MM. Corrèze et Manès pour les pentes les plus favorables, et si nous prenons la moyenne de ces chiffres, nous trouvons $0^m,08$, chiffre qui se rapproche du nôtre, dans nos expériences; et si nous nous reportons aux expériences de M. l'ingénieur Devilliers, nous reconnaissons que le chiffre moyen $0^m,09$ indiqué correspond à la plus grande quantité d'action fournie par le cheval et par conséquent aussi au plus grand effet utile. M. Goux et M. Lenglier ont indiqué $0^m,07$. Ainsi, nos expériences donnent des nombres qui s'éloignent peu de la moyenne de tous ces chiffres, mais qui s'éloignent seulement de ceux qui sont indiqués par MM. Lenglier et Favier et par les instructions de l'administration des ponts et chaussées.

La pente de $0^m, 09$ se rapproche encore beaucoup de celle de 1/12 ou de $0^m, 083$ p. m. que l'expérience a fait connaître comme la plus facile pour le transport des terres en brouettes sur les rampes.

Quant aux déclivités beaucoup plus abaissées, désignées par l'administration des ponts et chaussées, on conçoit facilement qu'elles sont exigées par la condition de favoriser les transports au trot, ainsi que le roulage qui, sur des inclinaisons qui dépassent 4 à 5 centimètres par mètre, est forcé de s'assujettir à payer des chevaux de renfort qui lui coûtent fort cher et entravent sa marche.

On doit cependant objecter aux conclusions que nous venons de tirer que les choses ne se passent pas dans la traction des chariots ordinaires de la même manière que pour notre petit chariot de fer. Car, lorsqu'un cheval tire en montant, il emploie une partie de sa force musculaire à monter son propre corps. Si nous comparons ce qui se passe alors avec l'état des choses dans nos expériences, on reconnaîtra que, dans celles-ci, la force de traction ou celle du cheval est représentée par le poids 244 grammes tombant, suivant la verticale, sur une longueur de 1^m, 50. Pour que la comparaison soit complète dans les deux cas, il faut donc distraire de cette force 244 gr. ; le poids nécessaire pour faire monter 244 gr. sur les pentes diverses sur lesquelles nous avons expérimenté. Si donc nous décomposons la force verticale 244, en deux autres, l'une perpendiculaire au plan incliné, et l'autre parallèle, la première composante étant détruite par la résistance du plan, la seconde fera monter le poids 244 gr. sur ce même plan. Elle est égale à 244 sin. α, en appelant α l'angle d'inclinaison.

Or, si p est la pente, on a $p =$ tang. α et

$$\sin. \alpha = \frac{p}{\sqrt{1 + p^2}},$$

Donc la composante que nous cherchons a pour expression.

$$244 \text{ gr.} = \frac{p}{\sqrt{1 + p^2}}$$

En substituant dans cette valeur celles de p, nous en avons déduit le tableau B qui suit, dans lequel la 4ᵉ colonne indique les forces qui resteraient dans chaque expérience, après la soustraction de la composante parallèle au plan incliné.

TABLEAU *B*.

PENTES.	$\sin.\alpha = \dfrac{p}{\sqrt{1+p^2}}$	COMPOSANTE 244 sin. *a*.	FORCES RESTANTES.
m	m	g	g
0,01	0,009	2,19	241,81
0,02	0,018	4,39	239,61
0,03	0,028	6,59	237,41
0,04	0,038	8,78	235,22
0,05	0,048	10,98	233,02
0,06	0,058	13,18	230,82
0,07	0,068	15,37	228,63
0,08	0,078	17,57	226,43
0,09	0,088	19,76	224,24
0,10	0,098	21,96	220,04

Or, maintenant, sur les mêmes rampes (et toutes choses égales d'ailleurs) les temps employés à parcourir $1^m,50$ peuvent être considérés comme inversement proportionnels aux forces de traction. Si donc F représente les forces de la 4ᵉ colonne du tableau *B*, T les temps du tableau *A*, et T' les temps que le chariot mettrait à monter de $0^m,001$ avec les forces F, on pourra poser la proportion

$$T' : T :: 244 \text{ gr.} : F$$

D'où $$T' = \frac{T \times 244^g}{F}$$

Les valeurs de T' seront donc :

$$\text{Pour les pentes de} \begin{cases} 0,01 \longrightarrow 0,321 \\ 0,02 \longrightarrow 0,160 \\ 0,03 \longrightarrow 0,116 \\ 0,04 \longrightarrow 0,101 \\ 0,05 \longrightarrow 0,094 \\ 0,06 \longrightarrow 0,089 \\ 0,07 \longrightarrow 0,078 \\ 0,08 \longrightarrow 0,076 \\ 0,09 \longrightarrow 0,073 \\ 0,10 \longrightarrow 0,088 \end{cases}$$

On voit donc que malgré l'objection que nous nous sommes posée, c'est encore la pente de 0^m, 09 p. m. qui serait la plus avantageuse d'après l'expérience précitée. Mais il est bon d'observer que les choses ne se passent pas encore ici de la même manière que lorsqu'il s'agit d'un cheval.

Il résulterait de ce qui vient d'être dit que, si les choses se passaient pour les moteurs animés, comme dans les autres machines (ce que nous sommes loin d'affirmer) :

1° La rampe la plus favorable à la traction des chariots au pas serait de 0^m, 09 pour mètre.

2° La rampe la plus favorable pour le doublement des attelages serait comprise entre 0^m, 08 et 0^m, 09.

3° En comparant les expériences de M. Devilliers à celles auxquelles a été soumis le petit chariot de fer, on serait porté à croire que si les animaux développent sur des rampes rapides des quantités d'action plus considérables que sur les faibles, ce n'est pas à leur défaut d'instinct pour leur propre conservation, ainsi que l'a dit cet ingénieur, qu'il faut les attribuer, mais bien aux avantages que ces pentes offriraient à la traction.

3° En conséquence, il serait utile que de nouvelles expériences en grand, exécutées avec le même chariot, le même cheval, le même conducteur, mais sur des pentes diverses, décidassent *quelle est à la fois la rampe la plus avantageuse à la traction et au doublement des attelages, pour les chariots qui marchent au pas.*

Ces expériences trancheraient définitivement la question pour les rampes à donner aux routes forestières ; mais quand bien même on saurait très-exactement à quoi s'en tenir à ce sujet, il y a de certaines localités où le terrain et l'économie exigeraient qu'on dépassât cette limite de $0^m,08$, au delà de laquelle les ingénieurs regardent l'entretien comme extrêmement difficile, et, alors, il faudrait qu'on tâchât d'en atténuer autant que possible les inconvénients. En effet, souvent les forêts royales sont situées au sommet de hautes montagnes et enclavées, dans leur partie inférieure, dans des propriétés communales ou particulières. Le terrain dont on peut disposer est alors quelquefois trop peu étendu pour que la route puisse descendre avec une pente douce sur les flancs des coteaux, et dans ce cas, on est bien obligé de forcer le chiffre de leur inclinaison.

Quand il en est ainsi, pour amoindrir l'action des

eaux pluviales qui coulent sur la route , on a la précaution d'établir , de distance en distance , de petites rigoles inclinées sur la surface de la route elle-même et dont un bord forme bourrelet; celui-ci retenant les eaux , les rejette dans les fossés ou rigoles latérales ou sur les talus. Ces petits ruisseaux qu'on nomme revers d'eau ou écharpes, se placent, autant que possible, suivant la ligne de plus grande pente , de sorte que si la pente en long de la route et la pente en travers étaient égales, le revers d'eau ferait un angle de 45° avec l'axe de la route. Quelquefois, dans les forêts, on forme le bourrelet dont nous venons de parler au moyen de rondins posés en travers. Ce procédé contient très-bien les eaux, mais il a l'inconvénient de causer des secousses aux voitures de distance en distance, et d'exiger un effort de tirage. On doit préférer les revers d'eau en terre.

Les revers d'eau ou écharpes, partant de l'axe de la route, et se dirigeant, d'un côté, dans la rigole qui borde le déblai et de l'autre sur le remblai , ont encore l'avantage d'offrir des points de repos aux voitures et d'éviter aux voituriers la peine de serrer fortement la mécanique d'enrayage.

Il est évident que leur distance des uns aux autres doit diminuer à mesure que la pente augmente. Dans les terrains sablonneux, on les place ordinairement à 20^m,00 les uns des autres ; dans les terrains durs leur éloignement varie de 50^m,00 à 60^m,00, quelquefois même 100^m,00.

Sur un chemin très-fortement incliné, c'est-à-dire de 9, 10, 11 centimètres de pente par mètre, il nous semble, d'après des expériences qui nous sont personnelles, que l'on doit rapprocher ces petits ouvrages à 10^m,00 les uns des autres et de cette manière, les eaux des orages ont peu de prise.

Mais alors l'entretien des rigoles doit être continu; et d'ailleurs, quand la pente de celles-ci devient assez forte pour qu'elles se creusent et se ravinent, le mieux est de les paver en forme de ruisseaux avec les pierres du pays; ou bien, quand la rapidité est trop grande, de former, de distance en distance, de petits barages en grosses pierres, ou avec des pièces de bois ou même des fascinages qui résistent très-bien, en ayant soin de mettre un petit massif en fortes pierres au-dessus de chaque barage, pour s'opposer à la chute des eaux et les empêcher de fouiller.

Au surplus, comme le fait observer M. Berthault, cette disposition des eaux à raviner les fossés offre un moyen économique d'en creuser sur les chemins qui n'en ont pas encore, en employant ces eaux mêmes, pourvu que, par un creusement léger, on leur indique leur chemin. Leur action ne tarde pas à affouiller le fossé jusqu'à la profondeur voulue.

Si un excès de pente est, comme on le voit, une circonstance qu'il faut combattre, rappelons-nous aussi qu'une horizontalité trop prononcée, en s'opposant, au contraire, à l'écoulement des eaux, empêche l'assèchement de la route; cette circonstance est assez rare. Mais enfin, quand un chemin est situé dans une plaine ou sur un plateau de niveau, on ne peut le dégager des eaux qu'en donnant aux fossés une pente artificielle.

Pour cela, on partage la partie de niveau en deux. On établit l'origine des rigoles au point de partage, en ne creusant que très-peu au-dessous du bord du chemin ; on augmente insensiblement la profondeur de ces rigoles, à mesure qu'elles s'éloignent du milieu, jusqu'au point où on peut les diverser dans la forêt. Comme on peut à la rigueur creuser leurs extrémités jusqu'à $1^m,00$ de profondeur, on parvient aisément, par ce moyen, à assainir des parties horizontales de 5 à $600^m,00$ de longueur, en ne donnant, à la vérité, qu'environ une pente de $0^m,004$ p. m.

Quand l'étendue des parties de niveau est plus considérable, il faut recourir à un autre moyen. On établit alors, de 500 mètres en 500 mètres, des *puisards* ou puits qu'on doit creuser, jusqu'à ce qu'on rencontre un sol perméable. Ces puisards deviennent des lieux de dégorgement, sur lesquels on dirige des rigoles à profondeur croissante, comme celles dont nous venons de parler et dont les origines sont toujours placées au milieu de deux puisards consécutifs ; de sorte que, de chaque point milieu de ces intervalles, partent deux rigoles qui conduisent les eaux, l'une au puisard de droite, l'autre à celui de gauche. On évite ainsi les eaux stagnantes qui sont les plus nuisibles.

On doit avoir soin d'entretenir et de curer de temps en temps les puisards, parce que le limon des routes, qu'entraînent les eaux pluviales, bouche bientôt les cavités du terrain perméable de leur fond. Pour diminuer le plus possible cet effet et éviter des curages trop fréquents, on peut employer deux moyens. Le premier est de former, à proximité des puisards, de petits bassins de dépôt de 0^m, 30 à 0^m, 60 de profondeur ; on fait communiquer ces réservoirs avec les rigoles ; les eaux y perdent leur vitesse , y déposent la majeure partie de leur limon et sortent, beaucoup moins chargées, par une ouverture peu profonde qui forme déversoir à la surface des eaux et qui correspond au puisard. Le second moyen d'éviter les curages fréquents et surtout l'engorgement des puisards est de garnir leur fond de pierres.

On met les plus grosses au fond, on les couvre de pierres moyennes, puis de petites, et enfin d'un lit de gravier ou de sable ; de cette manière, les eaux n'arrivent au fond perméable que filtrées et ne peuvent jamais l'engorger. Il suffit alors d'enlever de temps en temps le limon et de renouveler deux ou trois fois par an le lit de sable ou de gravier. Le mieux est de réunir les deux moyens, c'est-à-dire d'établir les bassins de dépôt et les filtres en pierres de différentes grosseurs dans les puisards (1).

(1) M. Polonceau. Maison rustique.

§ V.

DE L'ENTRETIEN DES ROUTES FORESTIÈRES.

ARTICLE I.

Des routes empierrées.

L'entretien des routes forestières doit être en rapport avec la fréquentation qu'elles ont à subir et par conséquent avec les diverses époques de l'année où la vidange des coupes est plus ou moins active.

Or, ces époques coïncident avec les saisons où les travaux ordinaires de la campagne permettent aux cultivateurs de disposer de leurs attelages. D'après cela, les adjudicataires dont les délais d'abatage expirent au 15 avril, profitent du mois de mai, pendant lequel le terrain de la forêt et celui de la route sont déjà raffermis, surtout dans les sols siliceux; et du moment où les labours du printemps étant terminés, le prix des transports n'est pas élevé, et commencent la vidange de leurs coupes. Pendant la fenaison, ces transports sont à peu près nuls, mais ils reprennent avec beaucoup d'activité avant et après la moisson, surtout après celle-ci. Enfin en hiver, ils achèvent, autant que faire se peut, l'extraction des bois, en choisissant de préférence pour cette opération les instants où la terre est gelée et roulante.

On voit d'après cela, d'abord, que les routes forestières sont fréquentées en tout temps. Or , quelque bonne que soit une route, lorsqu'elle est soumise continuellement au roulage, elle peut, d'un instant à l'autre et au moment où l'on s'y attend le moins, présenter à l'industrie des transports quelque cause de malaise, il est donc convenable qu'on soit toujours prêt à y remédier, c'est-à-dire que l'entretien soit continu.

On sait en second lieu que l'époque où les routes sont le plus facilement attaquées est la mauvaise saison, celle de l'hiver ; or, c'est précisément dans ce temps-là que les routes forestières ont le chiffre le plus faible de fréquentation ; elles offrent donc, sous ce rapport, une circonstance favorable à leur entretien, et si à cela on ajoute que leur fréquentation n'excède guère 20 colliers par jour, on pourra en conclure encore que si l'entretien continu que nous venons d'admettre est convenablement organisé, le dommage que cause à la chaussée le passage des voitures, s'y opèrera avec lenteur, et c'est d'ailleurs ce que l'expérience a prouvé sur les routes vicinales que nous savons pouvoir être comparées aux nôtres. Ainsi donc les dégradations n'y appelleront guère de réparations d'une urgence extrême, dans la belle saison surtout, à moins que, pendant un certain temps, on n'ait laissé le mal s'aggraver.

Tout ce que nous venons de dire peut s'appliquer à toutes les routes situées en pays de plaine ou moy-

ennement accidenté; mais dans les hautes montagnes, la fréquentation est souvent encore moins forte
en hiver : car lorsque la neige tombe à grande
épaisseur et qu'elle y reste pendant plusieurs mois sur
la terre, les chemins cessent d'être fréquentés par
les voitures; mais alors ils peuvent l'être encore
par les traîneaux et par les troncs que l'on fait
glisser sur la neige jusqu'au fond des vallées ;
dans ces cas-là, la fatigue est nulle pour les routes en
forêt.

Maintenant, puisque nous sommes convenus tout
à l'heure que l'entretien des routes forestières doit
être continu, cherchons à déterminer comment il
devra être dirigé.

D'après ce que nous avons appris en général,
sur les routes, nous savons qu'on peut les traiter de
deux manières différentes. On peut, en suivant le
mode indiqué dans la circulaire de 1839, époudrer,
ébouer, réparer les flaches et enfin restituer continuellement à la route, par un répandage méthodique, tout ce que le roulage lui enlève journellement; ou bien encore, en se contentant de réparer les dégradations accidentelles, faire disparaître
la poussière, et le peu de boue que la pluie et
le roulage, après l'époudrage, produisent encore
sur la route, et conserver ainsi l'uni de la chaussée, sans lui restituer tout ce que la fréquentation lui
enlève à chaque instant; de telle sorte qu'on la
laisse s'user parallèlement à elle-même jusqu'à

7

ce que l'empierrement soit complétement épuisé.

Ces deux méthodes peuvent s'appliquer aux routes forestières, selon les cas. En effet, on peut diviser ces routes en deux classes : 1º Celles sur lesquelles se déversent les produits de coupes assez nombreuses pour qu'elles soient parcourues non-seulement toute l'année, mais tous les ans sans aucune interruption. 2º Celles sur lesquelles passent les bois d'un certain nombre de coupes qui, une fois vidées, sont pendant toute une révolution sans rien livrer à la consommation.

Pour les premières, si l'on ne veut pas au bout d'un temps plus ou moins long et qu'on peut calculer d'ailleurs d'avance avec une approximation suffisante, être obligé de les doter d'un nouvel empierrement et être entraîné par conséquent dans de fortes dépenses à la fois, il est évident que, puisqu'elles sont destinées à être fréquentées à toujours et sans discontinuité, il faut que, non-seulement, on leur conserve une surface unie et roulante, mais, en outre, il faut leur restituer chaque jour ce que la fatigue du roulage leur fait perdre. C'est donc le cas ici d'appliquer, avec plus ou moins de rigueur et sauf quelques modifications, s'il y a lieu, les préceptes de la circulaire de 1839.

Mais, dans le second cas, il est facile de concevoir tout de suite que si l'on conservait à l'empierrement son épaisseur intégrale, jusqu'au terme des exploitations du canton ; au delà de ce terme, et pendant toute une révolution, cet empierrement serait complétement inutile. Si l'on pouvait espérer qu'au bout de cette révolution, de 35 ans par exemple, on retrouverait la chaussée dans le même état que celui où elle était à la fin de l'exploitation des coupes, il n'y aurait en définitive de perdu que l'intérêt du capital de l'empierrement pendant ce laps de temps; mais il n'en serait pas ainsi; la route en question ne servant plus à rien pendant cette période de 35 ans, serait nécessairement négligée, les eaux pluviales la pénétreraient et la ravineraient, et les gelées, en en décomposant les matériaux, les convertiraient en détritus. Intérêts et capital, tout serait donc perdu.

Si au lieu de cela, on se contentait de n'entretenir la route tout juste qu'autant qu'il le faudrait pour que l'empierrement durât seulement jusqu'à la fin de l'exploitation des coupes, il est évident qu'on aurait ainsi épargné tous les matériaux qu'il aurait fallu répandre chaque année pour conserver une épaisseur constante à l'empierrement.

Je suppose, par exemple, qu'il s'agisse d'une chaussée de $3^m,00$ de largeur, d'une fréquentation de 20 colliers par jour et d'une révolution de 25 ans, pendant laquelle la route sera fréquentée et au bout de laquelle elle sera abandonnée pendant le même temps. L'expérience, comme on le sait, a fait connaître que l'usure moyenne d'une route est tout au plus de $50^{m.c.},00$ par chaque centaine de colliers de fréquentation et par kilomètre; il s'ensuit donc que, sur une route forestière empierrée de 3 mètres de largeur et qui subit la fatigue de 20 colliers, l'usure annuelle équivaut à $10^{m.c.}$,00. Si ces $10^{m.c.}$, 00, non encore tassés, étaient étendus sur la surface d'un kilomètre, ils produiraient une épaisseur de 0^m, 0033 ; or, l'expérience a appris encore, que, lorsque les matériaux sont enchevêtrés par l'action des roues, ils ne présentent plus qu'une épaisseur d'un peu moins de 0^m, 003. D'après cela, il est évident que la chaussée ne perdra annuellement par l'usure que cette faible épaisseur de 0^m, 003 ; c'est-à-dire qu'en la laissant s'abaisser parallèlement à elle-même, et en admettant comme nous l'avons déjà dit plus haut 0^m, 10 d'empierrement, elle pourrait durer 33 ans, sans qu'on lui restituât en matériaux ce que le roulage lui enlève incessamment.

Il est vrai qu'on peut observer et avec raison, qu'en laissant ainsi la route s'abaisser continuellement, quand elle en sera arrivée à ne plus avoir que 0^m, 05 d'épaisseur, c'est-à-dire une épaisseur de pierres, si quelques circonstances défavorables, telles qu'un long hiver pluvieux et à dégels alternatifs, coïncidaient avec quelques négligences d'entretien, la route pourrait courir la chance d'être défoncée ; ainsi que cela s'est vu quelquefois, même sur des routes départementales administrées par des ingénieurs habiles. Admettons cette objection et supposons qu'on exige de ne laisser perdre à l'empierrement que 0^m, 05 d'épaisseur, il y en aurait encore pour 16 ans de durée; et comme tout à l'heure nous avons supposé une révolution de 25 ans, il s'ensuit qu'il faudrait entretenir complétement la route pendant les 9 premières années, en lui restituant annuellement 10$^{m.c.}$, 00 et la laisser s'user ensuite pendant les 16 dernières. Elle aurait encore alors 0^m, 05 d'épaisseur de chaussée.

Les chiffres sur lesquels nous venons de nous appuyer sont admis par les praticiens les plus sérieux du corps des ponts et chaussées, nous pouvons donc ici en accepter, sans crainte, les conséquences. Si on veut bien se donner la peine de comparer ces résultats à ce qui se passe, on reconnaîtra qu'il existe de grandes différences entre ce qui est et ce qui pourrait être. En effet, il n'est pas rare de voir sur des routes forestières dont la fréquentation n'atteint pas 20 colliers par jour, des empierrements de 0^m, 25 d'épaisseur; or, malgré cet excès et à cause de la discontinuité de l'entretien sur ces routes, des flaches et, après elles, des ornières ne tardent pas à se creuser. Qu'arrive-t il alors? Si le mauvais état de ces routes est présenté à l'administration comme provenant du manque de matériaux d'entretien, si de nouveaux crédits sont demandés et obtenus, l'on s'empresse de les déverser sur la chaussée et de les enfouir encore. Si après cela arrive la cessation de la fréquentation après l'épuisement des coupes, on peut compter que ce capital de 0^m, 25 d'épaisseur de matériaux, littéralement enterré dans la chaussée, sera détruit, au bout de la révolution. Une partie en effet sera enlevée par les eaux et l'autre sera convertie en détritus par les influences atmosphériques.

A Dieu ne plaise que je veuille ici m'ériger en censeur et blâmer ce qui peut avoir lieu dans ces circonstances, et d'après l'organisation ancienne. Si l'on doit s'étonner de quelque chose, c'est au contraire de tout ce qui a été déjà fait de bien à l'égard des routes par des forestiers auxquels ces sortes de travaux étaient étrangers, et qui, d'ailleurs, sont distraits des soins incessants de l'entretien par des occupations nombreuses, variées et d'une toute autre nature.

Nous venons de reconnaître à l'instant qu'il y a certaines routes forestières où il y aurait prodigalité à entretenir la hauteur constante de l'empierrement.

Quant à celles où l'on doit restituer à la chaussée ce que l'usure lui enlève journellement, il faut encore se rappeler que souvent elles n'ont pas le même chiffre de fréquentation sur toute leur longueur, et que, par conséquent, elles ne doivent pas être approvisionnées de la même manière dans toute leur étendue. Ainsi, si l'usure la plus forte est de $10^{m \cdot c \cdot},00$ par kilomètre, à mesure qu'on arrivera sur des portions moins fatiguées, cette usure devant diminuer progressivement, le nombre de mètres cubes d'approvisionnements devra décroître dans la même proportion, et comme on peut, de kilomètre en kilomètre, connaître assez exactement et à priori le chiffre de la fréquentation, on pourra toujours déterminer convenablement les nombres partiels de mètres cubes , et, par conséquent, en en faisant la somme , la totalité des mètres cubes nécessaires pour l'entretien de la route entière.

Pour déterminer d'une manière rigoureuse la hauteur strictement nécessaire de cet empierrement, le moyen qui semblerait à la fois le plus simple et le plus sûr serait de partir, à l'extrémité, d'un empierrement égal à zéro, c'est-à-dire du terrain naturel, que l'on consoliderait, si on en avait le moyen, par un rouleau compresseur, ou si le terrain, composé de terre argileuse, était de nature à se défoncer par les pluies, en le recouvrant d'une couche de gravier comprimée aussi par le cylindre. Après cela, un cantonnier serait chargé de faire disparaître les flaches et à plus forte raison les ornières, à mesure qu'elles viendraient à se manifester. Voici alors ce qui arriverait. Il y aurait nécessairement la première partie de la route, celle qui correspondrait aux coupes les plus éloignées de la sortie de la forêt, qui pourrait supporter facilement le faible nombre de colliers qui y passeraient; cette partie, par conséquent, serait facilement entretenue. Un peu plus loin, si l'entretien, devenu pénible, exigeait trop de soins et trop de travail de la part du cantonnier, ce serait le cas, ou de consolider la route, de temps en temps, par le roulement d'un cylindre compresseur, si l'on en avait un à sa disposition; ou bien, ce qui est plus simple, de jeter des pierres dans les ornières, après les avoir curées, à mesure qu'elles commenceraient à se montrer. Le résultat inévitable de ces petits rechargements partiels serait de faire dévier les attelages de la direction précédemment suivie, et de donner lieu à de nouveaux frayés et à de nouvelles ornières naissantes qu'on traiterait de la même manière que les premières. On parviendrait, en continuant de cette façon, à recouvrir la route d'un empierrement dont l'épaisseur et la largeur s'accroîtraient avec le chiffre de la fréquentation et on arriverait ainsi, pour l'extrémité opposée de la route, à une couche de $0^m,07$ à $0^m,10$ d'épaisseur, qui résisterait bien, puisqu'il est prouvé que cette épaisseur suffit à la fatigue des routes forestières les plus parcourues.

Il pourrait se faire que, dans certaines circonstances, le garde-terrassier chargé de ce travail, ne pût suffire à tous les soins qu'exigeraient les premiers moments de la vidange; car alors il aurait à la fois, par le fait, à répandre l'empierrement et à l'entretenir. Or, on sait que souvent, en pays de montagne, par exemple, la fonte des neiges retardée empêche l'extraction du bois des coupes et exige que l'on accorde des prolongations de délais de vidange; dans ces cas-là, sitôt que les neiges sont fondues, on s'empresse de transporter les bois et quelquefois dans ces moments, le terrain n'est pas encore suffisamment raffermi et offre des chances nombreuses de détérioration. Il pourra donc alors être jugé nécessaire d'adjoindre au travail de ce garde terrassier un certain nombre de journés d'ouvriers auxiliaires; mais avec ce secours, on pourrait toujours satisfaire aux besoins du service, et de cette manière il n'y aurait de capital engagé que la somme strictement nécessaire; l'on obtiendrait donc une route bien viable avec la plus petite dépense possible.

Il ne faut pas d'ailleurs oublier cette observation, qu'on doit aux recherches de M. Dupuit, savoir que les dépenses d'entretien des routes dans le même département peuvent varier de 1 à 150! Combien donc est-il nécessaire qu'on applique aux routes dans les forêts de l'État cette importante formule? Et qu'on ne s'étonne plus de voir certaines localités où la dépense de l'entretien est peu de chose, tandis qu'à quelques lieues de là, elle devient considérable, quand on veut entretenir convenablement!

Il ne faut pas croire d'ailleurs que le procédé que nous venons d'indiquer pour constituer petit à petit la hauteur convenable de l'empierrement d'une chaussée, ne soit encore qu'une simple spéculation théorique. Plusieurs ingénieurs des ponts et chaussées l'ont employé et recommandé, particulièrement pour les chemins vicinaux, c'est-à-dire, pour ceux qui, nous le répétons encore, se rapprochent tout à fait des voies forestières.

Mais si la route déversant les produits de la forêt vers deux centres de consommation, est parcourue dans les deux sens; si, par exemple, les bois de feu se dirigent vers une vallée industrielle, et les bois d'industrie vers une rivière flottable, la fatigue sera à peu près la même pour toutes les parties de la route, la fréquentation n'éprouvant jamais, d'ailleurs, aucune interruption; toutes les parties de cette route devront être approvisionnées de la même manière. Mais en tout, d'après la fatigue des routes forestières, le maximum de la dépense annuelle n'excédera pas 10$^{\text{m.c.}}$,00 par kilomètre.

Examinons maintenant comment sur ces routes l'entretien devra être gouverné, lorsqu'on voudra leur appliquer les préceptes de la circulaire de 1839.

Or, nous avons fait voir, il n'y a qu'un instant, que cette fatigue de vingt colliers ne produisait qu'une couche d'usure d'un peu moins de 0^{m},003, et que cette couche, l'expérience l'indique, correspond, si elle est convertie en boue, à une épaisseur d'un peu plus de 0^{m},0033, et de 0^{m},005 en poussière (Berthault.) A supposer donc que les pluies n'emportent pas de boue claire, et que les vents n'enlèvent aucune poussière, tous les détritus qui seraient produits par le roulage d'une année, ne pourraient guère dépasser 0^{m},0033 d'épaisseur de boue, ou 0^{m},005 de poussière. Mais les choses ne se comportent pas ainsi. Pendant les sécheresses, soit d'été, soit d'hiver, pendant les temps de hâle, les vents sont les meilleurs balayeurs, et, pendant la saison des pluies, ce qui reste de poussière sur la route est délayé sous forme de boue claire, et une partie est entraînée par les eaux dans les fossés.

D'un autre côté, les déjections des animaux, les roues des chariots qui sortent des coupes et qui, couvertes de boue, en déposent sur la chaussée, et en automne la chute des feuilles surtout jettent sur la voie une certaine quantité de détritus. Nous ne tiendrons pas compte, d'ailleurs, de la poussière qui, prise au sol de la forêt, pourrait être apportée par les vents ; cette quantité, fournie par un sol qui est toujours naturellement un peu humide, nous paraît tout à fait insignifiante. Mais à l'exception des feuilles tombées et qu'il faut enlever, la somme de détritus étrangers à l'usure se réduit à peu de chose. Admettons, cependant, pour être au-dessus de toutes les prévisions, qu'il y ait compensation entre les détritus apportés et ceux qu'entraînent les vents et les pluies ; dans cette hypothèse même, l'épaisseur de la boue ou de la poussière qu'on trouverait sur la route au bout d'un an, ne pourrait pas dépasser les chiffres que nous avons indiqués tout à l'heure, savoir : un peu plus de $0^m,0033$ de boue et de $0^m,005$ de poussière. Or, nous pouvons nous arranger de manière à diminuer encore la somme constante de détritus que nous supporterons sur nos routes.

Admettons, en effet, qu'une route forestière, au commencement de la belle saison, soit en bon état, nous voulons dire par là, unie, roulante et sensiblement sans boue ni poussière. L'usure, pendant l'été, en reproduira une petite épaisseur ; et, de plus, une certaine quantité des détritus d'aggrégation qu'une

humidité moyenne fixait entre les joints des pierres
de la chaussée, deviendra mobile et facile à être
arrachée. Si donc, à l'époque des sécheresses, on
enlevait toute cette poussière qui protége les angles
des pierres contre les chocs des voitures, celles-ci,
plus ou moins déchaussées et désaggrégées, seraient
plus écornées et écrasées, et l'usure serait augmentée;
tandis que, si on la laisse, à la première pluie qui
tombera, une portion de ces détritus, devenue
humide, pénétrera, se tassera dans les fentes de
l'empierrement et lui redonnera le degré d'humidité
qui est nécessaire à sa solidité.

Mais, un peu plus tard, en automne, il est indispensable de débarrasser la route et les fossés de la
grande quantité de feuilles mortes qui tombent des
arbres qui les bordent, ou qui sont apportées de la
forêt par l'action du vent; car, si on les y laissait,
l'écoulement des eaux pluviales serait bientôt entra-
vé, et un excès d'humidité serait communiqué à la
chaussée et aux accotements.

L'instrument le plus commode pour cette opération
est un balai doux et flexible de bouleau, armé d'un
long manche. Mais, pour débarrasser les fossés, on
devra se servir du râteau. Avec de pareils soins, à
l'approche des gelées, la route ne sera plus en-
combrée de ces feuilles, et, du même coup, la
poussière, s'il y en a, sera enlevée.

Mais la plupart du temps, à cette époque de l'année,
la sécheresse a cessé, et la poussière se convertit en

boue dont la masse s'augmente de tous les détritus délayés que le poids des roues expulse de l'intérieur de la chaussée. Une partie de cette boue est enlevée par les eaux, le reste sera donc chassé avec les feuilles mortes par l'action du balai et il devra être poussé jusqu'aux fossés; car si on le laissait séjourner pendant quelque temps sur les accotements, il s'y incorporerait et on ne pourrait plus le détacher qu'au moyen d'une main-d'œuvre coûteuse.

Quand la boue est assez ferme pour être mise en tas, on la place par petits monticules sur les accotements qu'on enlève en temps opportun, en les jetant en dehors; la faible largeur des routes forestières permet qu'on fasse cette opération à la pelle et d'un seul jet.

Le moment le plus favorable à l'entraînement de la boue est celui où elle est liquide ou au moins coulante. Une pluie abondante sur une route convenablement bombée et unie, est le meilleur de tous les éboueurs. Pendant qu'elle tombera, le garde-terrassier restera sous son paillasson à casser de la pierre. Une pluie fine, au contraire, et de longs et épais brouillards favorisent la formation de la boue.

Si, par défaut de soins apportés à temps, la chaussée est couverte d'une quantité notable de boue, aux époques où les gelées se font ordinairement sentir, il faut avoir soin de l'enlever, de peur que, durcie par la gelée, elle ne rende la route cahoteuse et fatigante, et, qu'au dégel, l'excès d'humidité enfermée dans cette boue et dans l'empierrement, ne favorise le soulèvement et le bouleversement de la chaussée.

Ainsi traitée et débarrassée constamment de ses feuilles mortes, la route forestière restera suffisamment nette de ses détritus en toute saison et asséchée, pourvu que, toutefois, l'écoulement des eaux y soit assuré. Or, pour cela, il faut d'abord que les eaux ne soient pas arrêtées dans les fossés. Nous avons déjà dit tout à l'heure, qu'en forêt, il convenait d'enlever des fossés toutes les feuilles mortes qui y tombent ou que le garde-terrassier y pousse avec le balai ; mais, outre cela, la boue s'accumulant incessamment au fond de ces fossés, ils ont besoin d'en être débarrassés de temps en temps.

Le curage des fossés doit être exécuté avec un patron, un cordeau, la pioche, la houe et la bêche. Il n'est nécessaire de le faire que tous les 4 ou 5 ans.

L'époque que l'on choisit de préférence est celle du printemps, parce qu'alors, comme nous allons le voir tout à l'heure, il n'y a plus que de faibles répandages à faire, attendu que les chaussées ne réclament pas de soins constants, et ensuite parce que la terre est plus facile à travailler. Sur les parties très-humides, on peut rejeter ce curage à l'été, sauf, s'il y a lieu, à amollir la terre par les eaux de pluie retenues au moyen de petits barrages.

Pour que l'écoulement des eaux se fasse bien sur la route, il faut en outre que le bombement de son profil soit conservé; il faut qu'il n'y ait pas de dépressions età plus forte raison de défoncements qui y retiennent les eaux et qui, en second lieu, augmentent le tirage des voitures ; il faut donc que la route ne présente ni flaches ni ornières.

C'est pour obvier à tous ces inconvénients que toutes les fois qu'une flache présente une dépression de plus de 3 ou 4 centimètres, on y répand un emploi de pierres cassées. Or, d'après ce que nous savons sur la manière lente dont s'usent nos routes forestières qui ne doivent perdre par an qu'une épaisseur d'un peu moins de $0^m,003$ il est évident que, durant une année d'entretien, on pourra toujours choisir les moments qui seront le plus propices à ces sortes de réparations; à moins qu'une dégradation accidentelle n'exige des soins instantanés, circonstance qui ne doit guère se présenter sur une route bien traitée.

L'expérience a appris que la seule époque bien convenable pour les emplois est celle où les chemins ont une humidité plus ou moins prononcée. L'hiver, où la neige et la gelée peuvent arriver d'un instant à l'autre, d'une manière passagère ou continue, est une saison gênante pour ces sortes d'opérations; c'est donc environ entre le 1er mars et le 15 ou 20 octobre qu'est comprise la partie de l'année qu'on doit préférer. Mais, pendant la belle saison, les répandages réussissent mal, la liaison des matériaux de l'emploi, leur prise avec les anciens se faisant difficilement et d'une manière incomplète, c'est donc l'automne qu'il faut préférer; car à cette époque, au contraire de ce qui se voit l'été, les répandages se font avec le plus grand succès possible, à cause de l'état humide de la chaussée et, de plus, ils ont encore le temps de faire corps et de livrer au roulage une route belle et résistante pour l'hiver, c'est-à-dire, dans la saison où précisément les transports ont besoin de la trouver le meilleur possible.

D'après les raisons que nous avons énoncées un peu plus haut, on devra commencer les emplois par les flaches les plus profondes, celles qui ont atteint environ $0^m,04$; les plus faibles ne causant aucun tort sensible au roulage. Or, des essais nombreux dus à M. Berthault ont démontré que des pierres simplement déposées avec intelligence dans ces flaches et livrées au roulage, y acquièrent une consistance qui résiste aux actions des plus lourdes voitures. Seulement, sur les routes fréquentées par des voitures rapides, elles sont souvent dérangées et le cantonnier perd un temps considérable à les remettre en place. Pour leur donner plus de stabilité, on prescrit le piquage préalable de la chaussée à la place de l'emploi. Ce dérangement étant moins fréquent sur les routes forestières où les chevaux cheminent au pas, nous croyons qu'on peut se dispenser des soins et de la dépense qu'entraîne le piquage, et d'ailleurs ce piquage ne sert à quelque chose pour la beauté de la route, qu'autant que, ne tolérant pas de flaches de $0^m,04$, on veut, avec des pierrailles de $0^m,04$ à

$0^m,05$ de diamètre ne faire que des emplois qui ne soient pas du tout saillants. Or, cette recherche nous paraît encore inutile sur nos routes. Quant à la manière dont ces emplois doivent être faits les uns par rapport aux autres, rappelons-nous les instructions qui se trouvent à cet égard dans la circulaire de 1839 (page 32).

Si, par accident, des ornières venaient à se montrer sur la route, on en opérerait la restauration de la même manière. Ces ornières sont dues jusqu'ici sur la majeure partie des routes forestières à ce que les frayés n'étant point effacés, les chariots en suivant une direction fixe qui a équivalu à un excès de fatigue, ont causé une usure partielle. On ne doit jamais attendre non plus que les ornières aient plus de $0^m,04$ de profondeur; mais alors le cordon de pierres dont on les remplit doit avoir un peu plus de $0^m,05$, attendu qu'après le tassement, il arrasera le reste de la chaussée.

Lorsque les ornières sont longues, on ne les remplit que sur 6 mètres environ de longueur; on laisse ensuite un espace vide, puis on remplit 6 autres mètres courants d'ornières et ainsi de suite; ou bien l'on doit chercher à faire quitter ces ornières par les roues en en remplissant d'abord une seule. Le roulage les abandonne aussitôt, et alors on peut les remplir par portions et quand on le juge à propos.

Puisque l'on ne doit laisser subsister sur la route ni flaches ni ornières de plus de $0^m,04$ de profondeur, à plus forte raison est-il nécessaire de ne pas y laisser de défoncement ou de mauvais pas. Si un mauvais pas cependant existe, ou bien il provient de négligence dans l'entretien, et alors un entretien méthodique l'a bientôt anéanti; oubien le sol naturel placé sous un faible empierrement d'environ 0^m, 10 est humide et fangeux. Dans ce dernier cas, ce serait en vain qu'on voudrait l'effacer, en y jetant des pierres; car le roulage ne manquerait pas de les faire pénétrer dans la terre détrempée et ce serait toujours à recommencer. Ce qu'il y a à faire dans cette circonstance, c'est d'enlever une couche plus ou moins épaisse de cette tourbe, et de déposer sur le fond des pierres plates et minces et d'établir sur ces pierres un empierrement d'environ 0^m, 12. Si le mauvais pas était dû à une dépression des terrassements assez profonde pour gêner les voitures, il faudrait enlever l'empierrement, recharger le remblai, le damer, puis y reposer l'empierrement.

La circulaire de 1839 indique comment il convient de procéder, lorsqu'on a déjà réparé les flaches existantes, pour achever de restituer à la route son usure, en répandant la majeure partie des 10$^{m.c.}$, 00 de nos approvisionnements, quoiqu'aucune réparation ne soit urgente; c'est surtout au fond des grandes dépressions, qu'on remarque facilement sur les routes après une averse, qu'il convient de poser ces matériaux, bien que ces dépressions ne gênent pas le roulage. Mais quoi qu'on fasse, sur le bord de l'emploi, il y aura toujours une sorte d'éminence et qui indiquera la

reprise de ces emplois avec la chaussée, à moins
qu'on ne pique ou qu'on n'emploie de très-menus
matériaux, et l'on retombe alors dans le système
de M. Dumast.

Nous venons d'indiquer tout à l'heure quelles sont
les époques de l'année les plus favorables aux emplois, mais cela ne veut pas dire que si, dans d'autres
moments de l'année, une dégradation, quelque peu
gênante pour la circulation, vient à se manifester,
même dans les sécheresses ou pendant le dégel, il
faille la laisser s'aggrandir. Si c'est en été, on choisira
pour l'emploi, de préférence, les pierres placées au
fond des tas, et alors une pluie naturelle ou un arro-
sement artificiel en accélèrent la prise, et si les choses
ont lieu au dégel pendant lequel les détritus sont déjà
trop nombreux, on ne choisira dans les tas que les
matériaux placés au sommet.

Les forts dégels sont ceux qui arrivent rapidement
à un moment où les chemins sont gelés jusqu'à 0^m,
10 de profondeur; si les précautions préalables d'é-
bouage et d'époudrage n'ont pas été prises; si l'écoulement des eaux ne s'est pas bien fait avant le froid,
la chaussée renfermant une quantité d'eau surabon-
dante, les dégels la soulèvent et en désaggrègent
les matériaux. Pour être remise en bon état, cette
couche a besoin d'être de nouveau comprimée, soit
par le rouleau, soit par l'action des voitures. Le
premier de ces deux moyens est coûteux, mais le
second l'est peut-être davantage; car on doit bien

comprendre que le tirage augmenté rend le transport plus cher, et que cette surélévation est comptée d'avance par l'adjudicataire dans l'appréciation de ses frais de vidange, s'il sait par expérience qu'on ne prend pas d'ordinaire les soins nécessaires pour empêcher ce soulèvement. L'administration forestière n'est pas encore renseignée au sujet des prix du roulage de ses chaussées par le cylindre, mais on conçoit qu'il serait curieux et utile de se livrer à ce sujet à des expériences comparatives.

Lorsqu'on opère la compression par les voitures, quelle que soit la fatigue qu'on leur cause, il faut en diriger la marche, autant que possible, sur tous les points de la chaussée, comme pour une chaussée neuve; soit par des pierres posées de distance en distance, suivant des lignes sinueuses, soit en y faisant quelques emplois, dont d'ailleurs on doit être sobre; car, alors, les roues des voitures en emportent souvent des portions qu'elles vont déposer à tort et à travers; et quant aux ébouements, il faut bien s'en garder, car ils entraîneraient autant de pierres que de boue.

Les alternatives de gelée et de dégel, quoique souvent coûteuses par les bouleversements qu'elles produisent à la surface, et par la fatigue qu'elles causent au roulage, fatigue qui réagit sur les matériaux qui lui font obstacle, ne sont pas aussi dangereuses pour la circulation que les grands dégels. On ne doit presque pas non plus faire d'emplois pendant leur durée. Le répandage doit seulement avoir lieu dans les trous et dans les ornières.

Au surplus, quand on aura pourvu, pendant les temps d'humidité qui précèdent les gelées, à l'assèchement convenable des chaussées, les dégels seront peu à craindre, car ces forts soulèvements n'auront pas lieu.

Aux approches de ces dégels, outre ces précautions, le piquage des glaces, le raclage et le déblayage de la neige peuvent aussi être fort utiles. Ce sont d'ailleurs des ouvrages qui emploient le temps des cantonniers, dans des moments où il n'y a presque rien autre chose à faire. Cependant, dans les pays de montagne, on peut occuper d'une manière très-avantageuse leurs loisirs, en leur faisant disposer des sentiers de traînage sur la neige. Ces sentiers deviennent bien plus faciles encore, quand on y détourne les eaux d'un ruisseau et qu'on les recouvre ainsi d'une couche de glace, comme cela se pratique en Allemagne.

On voit, d'après ce que nous venons de dire, qu'en définitive, sur des routes convenablement traitées, l'action des pluies, des brouillards et des dégels est peu à craindre. Au surplus, l'administration forestière pourrait toujours, si elle le jugeait convenable, placer une barrière à la sortie de la forêt et la fermer pendant les dégels ; cette mesure ne serait évidemment convenable, qu'autant que les agents locaux reconnaîtraient que les voituriers sont assez peu soucieux de leurs attelages pour les faire marcher, pendant ces instants si défavorables au tirage des voitures, ce qui n'est guère probable, ou ce qui, du moins, doit arriver bien rarement. Car, les adjudicataires ne commencent à sortir les bois de la forêt que vers la fin du mois de mai, et alors l'action des dégels est effacée : ce n'est donc que dans l'hiver suivant qu'ils transportent le reste des produits de leurs coupes. Or, la plupart du temps, cette quantité est assez peu considérable, pour que les voituriers ne puissent pas choisir de préférence les moments où la route est facile et roulante, c'est-à-dire, pendant les belles gelées. Si cependant la route se trouvait impraticable à cause d'une trop grande épaisseur de neige qui la recouvrirait, les transports ne pourraient plus se terminer qu'après le dégel; mais alors toutes les fois que cela est jugé nécessaire, on accorde aux adjudicataires des prolongations de délai de vidange, et ces sursis sont calculés de manière que l'on puisse attendre que les routes soient redevenues praticables avant que de terminer cette vidange. L'expérience, d'après M. Berthault, prouve qu'un cantonnier peut entretenir, cassage compris, 8 à 10 kilomètres de routes vicinales empierrées, et soumises à 30 ou 40 colliers de fréquentation, ce qui revient encore à dire qu'en général un ouvrier et demi par lieue et par chaque centaine de colliers suffit à l'entretien.

L'entretien des routes forestières, organisé comme nous venons de l'expliquer, laisse donc disponible une partie des journées de travail pendant l'été. Ce loisir peut être employé d'une manière profitable, à l'extraction de la pierre, qui se fait presque toujours dans la forêt même, et ensuite au cassage de cette pierre.

Les pierres seront convenablement cassées si leur plus grand diamètre ne dépasse pas $0^m,05$ à $0^m,06$. Beaucoup de personnes pensent que le gros cassage offre plus de résistance aux roues des voitures que le petit; mais des expérimentations en grand nombre ont prouvé que des morceaux de pierres de $0^m,02$ à $0^m,03$ de côté fournissent des chaussées qui se comportent parfaitement bien sous le roulage le plus lourd et le plus actif. Elles démontrent qu'ici l'union fait encore la force et que cette union est plus puissante que la résistance due à la masse. Il n'est pas même nécessaire que ces matériaux soient très-durs; cependant il convient de rejeter ceux qui sont de mauvaise qualité et surtout gelifs, et, en outre, le cassage trop fin fournirait trop de détritus.

D'après cela, on conçoit qu'on peut, sans crainte, opérer le cassage des pierres, jusqu'à ce qu'elles n'aient plus que $0^m,04$ à $0^m,05$ de côté. De plus grandes dimensions ne seraient pas sans inconvénients sur les routes forestières que nous savons ne devoir pas avoir un empierrement de plus de $0^m,10$ de hauteur; car, à cause de cette faible épaisseur, il est urgent de n'y pas laisser les dégradations s'approfondir.

Le cassage s'exécute le mieux possible, suivant M. Berthault, avec des masses à une seule touche, du poids de 1 kilog. 00, placées au bout d'un manche long et flexible de 0^m, 80 de long et de 0^m, 024 de diamètre. Les bois qui fournissent les meilleurs manches sont le houx, le néflier, le châtaignier, le chêne vert, l'épine noire, le chêne ordinaire, etc.

Quant à l'époque où les matériaux doivent se trouver prêts, il est évident qu'il faut qu'ils soient rendus sur place avant l'époque des grands emplois, c'est-à-dire avant les grandes pluies d'automne. Si donc, tout de suite après le dégel, le cantonnier se met à les extraire de la carrière, on pourra immédiatement après, c'est-à-dire au mois de mai, après les labours du printemps et avant les foins, trouver des voituriers qui les transporteront sur la route sur laquelle le cantonnier les cassera en été, et pendant tous les instants que les autres saisons lui laisseront libres. Or, comme un cantonnier peut entretenir environ 8 kilomètres, c'est donc en tout 80^{m.c.},00 qu'il aura à extraire et à casser dans toute la belle saison.

L'expérience prouve que dans des circonstances, en apparence égales, certaines parties de route sont en bon état, tandis que d'autres sont plus ou moins dégradées. Car, selon que des mains habiles et expérimentées ont manié, disposé et soigné les éléments matériels mis à leur disposition, les effets utiles qui en sont résultés peuvent être très-différents.

On ne peut donc assez répéter que ce sont les bons

cantonniers qui font les bonnes routes. Dans cette lutte de tous les jours que subit un ouvrier, muni de quelques tas de pierres et des outils les plus simples contre l'action incessante et destructive du roulage, non-seulement il faut qu'il déploie force et assiduité au travail, mais il lui faut encore du savoir faire et de l'intelligence.

L'adresse du garde-terrassier qui déterminera par ses emplois le déplacement du passage des voitures, et la translation du rouage sur tous les points de la chaussée, et qui finira par rendre l'action d'une roue étroite, autant que possible, la même que celle d'un rouleau, ne peuvent s'obtenir qu'après beaucoup de temps et de soins employés à acquérir la connaissance des besoins particuliers d'un canton. Le principe rigoureux de l'emploi isolé reçoit, en effet, dans chaque localité, des applications différentes que l'expérience indique et modifie à tout instant suivant les époques de l'année et les circonstances. Dans les pentes, de grandes pièces réussissent bien, parce que là les voitures vont les chercher pour accroître le frottement modérateur de la vitesse; dans les parties planes (1), les pièces moyennes doivent être accompagnées, en deçà, en delà et latéralement de petites. Les routes fréquentées ne se traitent pas comme celles qui le sont moins. L'usage des larges jantes veut une autre disposition d'emploi que celui des jantes étroites.

(1) Annales des ponts et chaussées, 1840, t. XXIX. M. Boisvillette.

En un mot, les relations immédiates de la surveillance et de la main-d'œuvre peuvent seules apprendre comment il doit être pratiqué sur telle route
ou même telle partie de route.

ARTICLE II.

Des routes et chemins forestiers non empierrés.

Sur les routes forestières non empierrées, l'entretien n'est plus le même ; mais il exige aussi des soins
continus.

Il y a des voies forestières qui sont établies, principalement en pays de montagne, sur des terrains
tellement résistants, qu'ils dispensent d'un empierrement, lorsqu'il s'agit d'une très-faible fréquentation.
Sur ces routes qui sont pour ainsi dire naturellement
empierrées, les soins à donner sont les mêmes que
sur une autre route, si ce n'est qu'on doit leur
consacrer moins de temps. Si, par exemple, comme
quand il s'agit d'un chemin de vidange, leur fatigue s'élève au plus à 3 ou 4 colliers par jour ; en
supposant que la route soit à l'état normal, l'enlèvement continu des frayés à mesure qu'ils se tra-
cent, et des feuilles tombées avec le balai, ainsi que
les petits emplois de pierres fines et même de gravier
doivent suffire à la tenir très-unie. Quant à l'usure,
les faibles emplois dont nous venons de parler
restitueront au chemin ce qu'elle lui fait perdre.

Supposons, en effet, qu'il s'agit d'un chemin de vidange à 3 colliers de fréquentation journalière. Puisqu'il faut $50^{m.c.},00$ par kilomètre et pour 100 colliers, pour 3 colliers, on n'aura plus besoin par an que de $1^{m.c.},50$ par kilomètre, quantité que le cantonnier pourra se procurer lui-même bien souvent dans la forêt et sur les bords de la route et amener sur le chemin avec sa brouette.

Mais si le sol est terreux et si le chemin est étroit, comme alors il est nécessaire que les places où passent les roues soient au moins empierrées; ou bien on fera cet empierrement tout d'un coup et avant le passage des voitures, ou bien, garnissant de pierrailles les frayés à mesure qu'ils se creuseront, on parviendra à le constituer petit à petit; mais il est facile de comprendre, qu'en définitive, ce second système reviendra aussi cher que le premier, vu les soins qu'il exigera jusqu'à ce que ce petit empierrement ait l'épaisseur suffisante.

Quant aux parties de routes plus larges, que leur faible fréquentation fera supposer pouvoir être laissées en terrain naturel, il faudrait qu'on n'y tolérât aucune ornière, ce qui est bien difficile ; car, dans les temps de pluie, la terre se délaie et les roues de la première voiture qui passe pénètrent nécessairement jusqu'à une certaine profondeur, et la boue séjourne dans ces dépressions. Le terrassier devra donc alors ôter l'eau des ornières et de la route avec le balai, boucher celles-là avec des pierrailles, et favoriser

plus que jamais l'écoulement des eaux par l'enlèvement des feuilles mortes et de tout ce qui pourrait
entretenir l'humidité.

Les revers d'eau, en pays de montagnes, sont
indispensables sur ces chemins, pour empêcher les
eaux de se réunir en quantité un peu considérable et
de raviner le chemin.

Quand de pareils chemins sont soulevés par le
dégel, il serait nécessaire qu'on n'y passât pas avant
le raffermissement du sol, ou qu'on opérât immédiatement ce raffermissement au moyen d'un rouleau
compresseur.

Au surplus, comme rien de régulier n'a encore été
pratiqué à cet égard, ce n'est que par des observations
rigoureuses et des essais dont on prendrait des notes
exactes qu'on pourra arriver à acquérir des idées
précises sur le plus ou moins de travail que de
pareilles routes pourront exiger pour leur entretien.

§ VI.

DÉPENSE DE L'EMPIERREMENT DES ROUTES FORESTIÈRES.

Nous savons que la dépense de l'empierrement
d'une route est égale au chiffre de la fréquentation,
multiplié par celui de la qualité, multiplié par le prix
du mètre cube des matériaux (extraction, cassage et
emploi compris).

Supposons qu'il s'agisse d'une route forestière empierrée d'un bout à l'autre et soumise à une fréquentation journalière de 20 colliers ; cette fréquentation sera exprimée par 0,2.

Admettons que la qualité soit 50, c'est à-dire que l'usure moyenne par kilomètre et par 100 colliers, soit $50^{m.c.},00$.

Cela posé, si un garde terrassier est payé $450^f,00$ par an, et si en outre nous admettons qu'il puisse extraire, casser et répandre annuellement $80^{m.c.},00$ (puisque, suivant M. Berthault, il suffit à l'entretien de $8^{kil},00$ d'une route à 40 colliers, c'est-à-dire à casser et à répandre $160^{m.c.},00$), il s'ensuivrait de là que le mètre cube d'emploi coûterait $5^f,625$, transport des matériaux à pied d'œuvre non compris.

Si ce transport, par exemple, avait lieu pour une distance moyenne de $2^{kil},50$, distance que nous pouvons calculer par les formules que nous avons démontrées dans le § III, coûtait $1^f,20$ le mètre cube, le prix total de revient du mètre cube de l'emploi serait $6^f,825$.

D'après ces données, la dépense de l'entretien serait, par kilomètre,

$$0,2 \times 50 \times 6,825 = 68^f,25.$$

Et le garde terrassier pourrait entretenir $8^{kil},00$.

Si la fréquentation était réduite à 10 colliers par jour, la dépense d'entretien, par kilomètre, se réduirait à $34^f,12$, et le terrassier en entretiendrait $16^{kil},00$.

Enfin, si l'on n'avait à entretenir que de simples chemins de vidange empierrés, dont souvent la fréquentation n'excèderait pas 3 colliers, la dépense d'entretien par kilomètre s'élèverait seulement à 10^f,23, et alors le terrassier pourrait être chargé de 26^{kil},00.

Ce nombre serait peut-être un peu fort, attendu que les distances auxquelles le terrassier serait obligé de se transporter, emploieraient une certaine partie de son temps de travail.

Le tableau qui suit résume tout ce qui vient d'être dit sur l'entretien des routes forestières.

§ VII.

CALENDRIER DU GARDE TERRASSIER FORESTIER.

JANVIER.

Déblayer les neiges où cela est nécessaire, et si cela est possible, piquer et sabler les pentes glissantes. Soigner, en pays de montagnes, les sentiers de traînage des troncs et des traîneaux. Vérifier si les rigoles suffiront, au moment du dégel, à l'écoulement des eaux. S'il ne gèle pas encore ; achever les emplois, casser de la pierre aux endroits où l'on prévoit qu'on en aura bientôt besoin.

FÉVRIER.

Dégels fréquents. Si le matin il gèle ; cassage de la pierre jusqu'à 9 ou 10 h.; de 10 h. à 3 h., enlèvement des bourrelets et bavures, raclage des bosses, quelques ébouages au racloir, avec la précaution de ne pas entamer la surface de l'empierrement. Emploi seulement dans les trous et dans les ornières. De 3 h. à la nuit, si la gelée est revenue, cassage de la pierre.

Mais s'il pleut fort, cassage de la pierre par le terrassier, abrité sous son paillasson. Si la pluie est fine et pénétrante, ébouage avec le racloir, répandage dans les trous et les ornières. Achèvement des grands emplois.

MARS.

Si les gelées et les dégels alternatifs continuent, on procédera, comme dans le mois précédent. Si le hâle arrive, les emplois n'ont plus une prise assurée, surtout avec des matériaux siliceux; les faire avec les fonds de tas, ou les couvrir d'un peu de boue.

S'il pleut, ou s'il fait des brouillards; ébouer autant qu'on le peut; unir la chaussée, en décapant les bosses. Si le temps est sec; commencer le nettoyage des accotements.

AVRIL.

Emplois plus rares que dans le mois précédent ;

les borner aux trous et aux ornières. Ebouer et dé-
caper autant que possible. Niveler les accotements,
commencer le curage des fossés. Extraction et cassage
de la pierre.

MAI.

S'il pleut, ébouer la chaussée. S'il fait beau, conti-
nuer à régulariser les accotements. Curage des fossés.
Extraction et cassage de la pierre.

JUIN.

Ne faire d'emplois qu'en cas d'urgence; les arroser,
si le temps est sec. Laisser sans crainte $0^m, 001$ ou
$0^m, 002$ de poussière sur la route. Extraction et
cassage des matériaux, curage des fossés.

JUILLET.

A peu près comme dans le mois précédent.

AOÛT.

Idem.

SEPTEMBRE.

Ebouage, époudrage au balai, enlèvement des
feuilles mortes sur tous les chemins non empierrés.
Commencer les emplois.

NOVEMBRE.

Ebouer et répandre par tous les temps.

DÉCEMBRE.

Si la neige et la gelée ne sont pas encore arrivées, ébouer ; ne pas beaucoup répandre, si le temps n'est pas bien décidément à l'humidité.

S'il gèle, cassage de la pierre.

§ VIII.

DE LA MANIÈRE D'ASSURER L'EXÉCUTION RÉGULIÈRE DE L'ENTRETIEN SUR LES ROUTES FORESTIÈRES ET LES CHEMINS DE VIDANGE.

Pour imiter sur les routes forestières ce qui a lieu pour les autres routes, on en a doté un certain nombre de gardes-terrassiers, faisant office de cantonniers ; ces gardes-terrassiers sont chargés de l'entretien.

On croit généralement que l'humble métier de cantonnier n'offre aucune difficulté, et que le premier venu peut apprendre en peu de temps tout ce qui est nécessaire pour l'exercer convenablement. Cependant les ingénieurs les plus sérieux et qui ont fait une étude approfondie de l'entretien des routes, sont loin de partager cette opinion ; ils pensent, au contraire, ainsi que nous l'avons déjà dit (page 121), que ce n'est qu'à la suite d'une pratique déjà longue que le cantonnier intelligent peut acquérir le tact et le coup d'œil nécessaires pour bien exécuter, et en temps convenable, les mille travaux de détail du service de l'entretien. Mais, d'autre part, on peut établir, en thèse générale, qu'un ouvrier, tout habile qu'il soit et qu'on abandonne à lui-même, ne fait que très-peu de besogne, à moins qu'il ne travaille à la tâche. Or, la nature même des travaux de l'entretien indique qu'ils ne peuvent être exécutés à la tâche ; donc, si l'on veut que le garde-terrassier fasse tout ce dont il est capable, il faut qu'une surveillance continue l'y contraigne. Mais nous savons que l'on doit exiger de ce terrassier une pratique spéciale et intelligente. La surveillance qui pèsera sur lui devra donc, à plus forte raison, posséder cette spécialité. Tel est l'office que doit remplir le brigadier-terrassier, de même que le cantonnier-chef des routes ordinaires, et si l'on veut qu'il exerce utilement sa surveillance, si l'on veut qu'il rectifie la manière d'opérer du simple garde-terrassier, en l'initiant aux difficultés du métier ; il est rationnel d'aller le chercher dans les rangs des meilleurs terrassiers ; et, enfin, comme cette surveillance lui laissera des moments libres, on les emploierait utilement, en le chargeant, en outre, de l'entretien d'une petite portion de route forestière. On peut admettre, sans peine, d'après ce qui se fait sur les chemins vicinaux qu'il inspecte 8 lieues ou 32 kilomètres de routes empierrées à 20 colliers. Il est hors de doute que si cet homme fait bien son devoir, s'il surveille, s'il conseille, s'il corrige le travail de ses subordonnés avec toute l'exactitude possible, ceux-ci rendront tous les services qu'on peut en attendre. Mais quelle certitude aura-t-on de l'assiduité du cantonnier-chef, s'il n'est pas lui-même tenu en échec par un agent d'un grade supérieur, et cet agent sera-t-il immédiatement celui des travaux d'arts de l'arrondissement ?

Sur les routes royales et départementales, il y a une hiérarchie nombreuse, savoir : cantonnier simple, cantonnier-chef, cantonnier-ambulant, piqueur, et plusieurs classes de conducteurs. La fatigue de ces routes, bien supérieure à la fréquentation que subissent nos routes forestières, éloigne évidemment l'idée d'établir sur ces dernières un service si compliqué, et doit nous porter à nous enquérir de ce qui se fait pour les routes vicinales qui se rapprochent, comme on sait, le plus des nôtres. Or, pour ces chemins vicinaux, de grande ou de petite communication, on compte, par arrondissement, un agent-voyer de première classe, qui remplit les fonctions d'ingénieur; un agent-voyer de 2ᵉ classe, pour chaque canton, qui étudie et prépare les projets qu'il soumet à l'agent de l'arrondissement; en outre un agent-voyer de 3ᵉ classe, qui a pour mission la surveillance de l'état des chemins du canton, ainsi que ses chefs, et assiste aux travaux d'amélioration et d'entretien qui s'y exécutent, soit par corvées, soit à prix d'argent. Enfin, les cantonniers sont chargés de l'entretien.

Voilà donc quatre degrés bien marqués de fonctions qui se surveillent successivement.

Jusqu'ici, dans le service des travaux d'arts de l'administration forestière, on ne compte encore, par le fait, que l'agent chargé de tout l'arrondissement, le brigadier terrassier et le terrassier simple. On conçoit qu'il y a là une lacune qu'on n'a pas encore eu le temps de remplir, depuis qu'on a commencé à créer ce nouveau service. L'agent de l'arrondissement ne peut pas, évidemment, parcourir constamment ses routes et ses chemins, pour reconnaître si tout y est en ordre et conforme aux vrais principes de l'entretien, appliqués et appropriés à chaque localité particulière ; il ne peut surveiller convenablement ni le brigadier terrassier, ni le simple garde terrassier ; il lui manque au moins un agent qui lui tienne lieu de conducteur et de piqueur.

Ainsi donc, si, avec les choses telles qu'elles sont aujourd'hui, des routes forestières fournies de gardes terrassiers, dirigés seulement par un agent des travaux d'arts d'arrondissement, n'arrivaient pas encore au degré de beauté nécessaire pour la facilité des transports, il ne faudrait pas s'en prendre à l'institution en elle-même, mais attribuer cet état de dégradation à l'ancien ordre de choses et à l'impossibilité où l'on s'est trouvé jusqu'ici de mieux surveiller.

Je dis qu'il faudrait attribuer ce mauvais état à la manière dont on a procédé jusqu'ici, et cependant ce n'est pas le nombre d'agents successifs qui a manqué, depuis l'inspecteur jusqu'au simple garde. Pourquoi donc une hiérarchie si complète n'a-t-elle pas pu organiser un entretien régulier sur les voies forestières? Cela tient à une raison toute simple et qu'il n'est pas nécessaire d'indiquer à celui qui aura pris connaissance, dans ce qui précède, de tout ce qu'on doit exiger de connaissances spéciales pour la direction de l'entretien normal des routes ; car, les agents forestiers du service actif ordinaire sont complétement, pour la plupart, étrangers à cette spécialité. L'administration qui leur est confiée réclame de leur part des soins nombreux et variés et exige que, chaque année, ils concentrent toute leur attention et tout leur travail sur certaines parties de leurs forêts pendant plusieurs mois consécutifs ; comment donc pourraient-ils avoir le loisir et la volonté d'exercer cette police de tous les instants qui, d'ailleurs, ne convient pas à leur grade et qu'on ne pourrait espérer que d'un agent qui ferait de la surveillance des routes forestières d'un arrondissement sa principale occupation.

Nous venons de parler de l'institution du service des travaux d'arts qui, comme toutes celles qui ne font que de naître, est préconisée par les uns et vivement attaquée par les autres ; on ne trouvera pas étonnant, sans doute, que nous nous y arrêtions pendant quelques instants, et puisque nous sommes arrivés là à propos de l'entretien, commençons par examiner les améliorations qui pourraient y être obtenues, lorsque l'organisation dont nous venons de parler serait complète.

Un homme suffisamment spécial, dominant, le service sur un certain nombre de routes forestières, pourrait former des agents intermédiaires qui, agissant sur les terrassiers simples et les brigadiers, tireraient, de chacun d'eux, tout le parti possible. Cherchons donc ce qu'il y aurait d'abord à faire.

Or, les routes forestières sont loin aujourd'hui d'être bien entretenues; quand on entre dans une forêt par une route pour laquelle on accorde cependant ordinairement un garde terrassier par 4 kilomètres d'empierrement, on aperçoit fréquemment deux orniè-res parfaitement tracées jusqu'à une certaine profon-deur et qui s'étendent à perte de vue ; et si l'on chemine sur cette route, ces dégradations se prolongent fort loin, assez souvent même jusqu'à l'autre extrémité de la voie, quoique cette dernière partie soit soumise à une très-faible fréquentation. Ce sont là les signes certains d'un entretien irrégulier et discontinu, et cependant il arrive parfois que l'approvisionnement annuel d'une pareille chaussée est de $50^{m.c.},00$ par kilomètre, c'est-à-dire, ce qui est nécessaire, au plus, à l'entretien d'une route de 100 colliers de fréquentation. Or, nous savons, d'après toutes les données précises qui ont été recueillies par les ingénieurs des ponts et chaussées , que sur une route de 18 à 20 colliers ,. $10^{m.c.},00$ d'emplois suffisent pour la conserver en bon état. Voilà donc par kilomètre au moins, $40^{m.c.},00$, c'est-à-dire, environ $200^{f},00$ inutilement dépensés pour avoir une route à ornières , et sur laquelle le tirage exige que les chariots, ne transportant pas leur charge complète, déposent leurs bois près de la place où le chemin de la forêt débouche sur la grande route. Ces fausses manœuvres se traduisent, nous le savons bien, en argent, et cet argent est nécessairement à défalquer du prix auquel seraient montées les coupes, si la route forestière avait permis un chargement aussi fort que sur les routes royales et départementales.

Et, je ne parle pas ici des chaussées qui , dans certains hivers, et malgré leur épaisseur exorbitante de $0^m,20$ à $0^m,25$, ont été entièrement défoncées , et où, quelquefois, après trois ou quatre ans seulement de fréquentation , l'empierrement qui pouvait, comme nous l'avons vu, durer au moins 45 ans, sans rechargements autres que ceux qu'exigent les dégradations accidentelles , a dû être entièrement renouvelé ; dans celles-là , la dépense dépasse toutes les prévisions , et il en est de même de la dépréciation qu'en subissent les bois à l'époque des enchères.

D'après ces faits, on comprend donc que les routes dans nos forêts sont loin d'être à l'état normal. La première chose que le service des travaux d'arts complétement organisée , aurait donc à entrepren-

dre sous le rapport de l'entretien, serait de rame-
ner ces routes à cet état. Ici, nous serions bien
embarrassés pour donner quelque aperçu des dépenses qu'une semblable opération pourra exiger, si des
hommes spéciaux n'étaient pas arrivés, sur les chemins vicinaux que nous sommes toujours forcés
d'invoquer comme termes de comparaison, à des
chiffres d'expérience que nous pouvons admettre
avec confiance. Or, M. Berthault, que nous avons
déjà tant de fois cité, nous apprend qu'un seul cantonnier, s'il est passable, peut suffire généralement
à mettre en bon état une dizaine de kilomètres, au
moins, de chemins vicinaux, pourvu que les terrassements à y exécuter ne soient pas trop considérables, et qu'on lui fournisse, toute cassée et à pied
d'œuvre, la pierre qui lui est nécessaire, ainsi que
quelques journées d'auxiliaires en temps convenable.

Cette première restauration opérée, tout ce que
nous avons indiqué sur l'entretien devrait être mis en
œuvre, car tout serait convenablement organisé pour
qu'il en fût ainsi. Il y a plus; c'est qu'une comptabi-
lité régulière pourrait être tenue pour toutes les dépenses, ainsi que cela se passe dans l'administration des
ponts et chaussées ; en un mot, l'ordre administratif
serait établi d'une manière constante, et alors on ne
verrait plus l'entretien se réduire à un répandage
général à l'automne, que le terrassier s'empresse de
terminer avant les rigueurs de l'hiver, en dépensant
jusqu'au dernier, les tas de pierres qu'on a accordées

avec libéralité. A la suite de ce répandage, de ce simu-
lacre d'entretien, le garde-terrassier paraissant n'avoir
plus rien à faire, le garde général ou l'inspecteur ne'
l'utiliserait plus, en le faisant travailler aux semis, aux
plantations, aux pépinières, aux fossés ou aux murs
de clôture de la forêt. Car, pendant que ces hommes
sont ainsi distraits de leur destination spéciale, les
voitures de vidange passent, leurs frayés se mar-
quent ; d'autres voitures circulent encore de préférence sur ces frayés et les changent en ornières. Or,
de cet état à celui de défoncement par les temps
d'humidité prolongés ou de dégel, il n'y a pas loin;
et les matériaux de réserve n'existant pas ou étant
insuffisants pour de pareils bouleversements, la route
devient impraticable, au moins pour une grande
partie de l'année.

A la place de ce système, dont les résultats sont
inévitables, si l'on affectait, à chaque cantonnier, la
portion de route qu'il doit entretenir ; si l'on fixait la
quantité de matériaux qui lui est strictement nécessaire; si l'on surveillait sa manière de faire, depuis le
1er janvier jusqu'au 31 décembre, l'on arriverait
ainsi à tout ce que l'expérience a prouvé de possible
en fait d'entretien continu et intelligent. Et, d'ailleurs,
comme on pourrait toujours, par des chiffres incon-
testables, prouver l'opportunité des dépenses présu-
mées, des crédits nécessaires à l'entretien seraient
accordés, et les routes forestières, convenablement
dotées et surveillées, arriveraient à être aussi faciles

et aussi belles que le demandent les besoins des transports.

Si tout ce que nous venons de dire était observé sur les routes forestières qui existent aujourd'hui, il en résulterait assurément de grands bénéfices. Que serait-ce donc, si, partout où les voies de vidange manquent ou sont mal tracées, on en établissait dont les directions fussent le plus convenablement indiquées ; si leur exécution était parfaite et leur entretien complet ? les avantages qu'on réaliserait seraient encore d'une beaucoup plus grande importance. Eh bien ! pour toutes ces opérations, la spécialité des agents est tout aussi indispensable que pour l'entretien qui, jusqu'ici, nous l'avons fait voir tout à l'heure, a été à peu près nul.

Un bon nombre d'agents forestiers ne sont pas suffisamment convaincus de cette vérité. Ils regardent comme très-facile la tâche de l'ingénieur forestier et cela tient tout simplement à ce qu'ils n'ont pas eu l'occasion de se livrer aux études nécessaires pour en constater l'étendue ; et c'est à tort qu'ils citent à l'appui de leur compétence en fait de travaux d'art, les maisons forestières et les routes qui ont été déjà exécutées sous leurs ordres. Nous avons déjà dit que nous étions bien éloignés de chercher à déprécier leur travail ; mais, après cela cependant, n'est-il pas naturel de penser que ce qui a été fait en ce genre, aurait été beaucoup mieux conçu, tracé et exécuté par des hommes spéciaux ? n'est-il pas naturel de croire que des erreurs ont été commises ; que des parties mal exécutées ont dû être recommencées et que des tracés chers auraient pu être remplacés par des tracés tout aussi convenables sous le rapport de la vidange et beaucoup moins dispendieux ? car on sait que de deux tracés qui marchent parallèlement à quelques mètres de distance, l'un peut coûter trois ou quatre fois plus cher que l'autre, sans que pour cela les exigences du programme soient mieux remplies. Ne doit-on pas se demander encore si des terrassements exécutés rapidement, sans profils déterminés et surtout sans surveillance continue et sans contrôle compétent, n'ont pas eu à subir des éboulements dans certains cas, et la plupart du temps des dépressions sur lesquelles les empierrements ont perdu la régularité de leur surface qui, en définitive, constitue, en grande partie, la bonté de la route ? N'est-il pas certain que les empierrements ont été posés plus épais qu'il n'est nécessaire avec un entretien méthodique, et qu'ainsi un capital considérable a été enfoui en pure perte ? Les eaux qui ravinent ont-elles été écartées ? Les ponceaux ont-ils eu les dimensions et la solidité convenables ? Et quand on a exécuté sur des ruisseaux les travaux nécessaires pour l'organisation du flottage, les barrages n'ont ils jamais été emportés par les eaux, et la distance de ces batardeaux a-t-elle toujours été calculée de manière à éviter les détériorations aux pièces de bois flottées ? Les maisons forestières et les scieries ont-elles toujours rempli les conditions auxquelles elles devaient satisfaire, quoiqu'on ait été presque toujours obligé de recourir, pour ces maisons forestières et ces scieries, à des arpenteurs ou à des architectes qui, travaillant eux-mêmes sans surveillance directe, ont nécessairement commis des fautes graves? Une surveillance active et pour ainsi dire de tous les jours, a-t-elle vérifié la nature des matériaux? A-t-on vu arriver la chaux au chantier, nouvellement cuite et de bonne qualité? L'a-t-on vu éteindre? A-t-on constaté la bonté du sable, le sol des fondations, la confection des mortiers, la qualité des pierres et des bois de charpente? Les enduits ont-ils été confectionnés avec tous les soins, je ne dirai pas convenables, mais indispensables? Et presque toujours ne sont-ils pas tombés sous l'action des pluies d'automne ou de la gelée? La menuiserie a-t-elle eu de bons assemblages? Les bois étaient-ils bien choisis et suffisamment secs? Et la couverture, d'où dépend le salut de la bâtisse, était-elle convenablement établie; la tuile était-elle cuite à point, bien confectionnée; en a-t-on mis la quantité nécessaire par mètre carré? La serrurerie a-t-elle toujours valu le prix qui lui a été alloué? La peinture, la vitrerie et la ferblanterie ont-elles été exécutées de manière à résister le plus longtemps possible? Et enfin les plans ont-ils été toujours conçus avec talent et les devis rédigés avec la régularité sans laquelle la porte est ouverte à tant d'abus.

Je ne crois pas qu'il soit nécessaire de répondre à toutes ces questions. Tout homme de bonne foi dira sans hésiter qu'on ne peut satisfaire à de si nombreuses exigences (et à bien d'autres encore dont nous ne parlons pas), qu'avec des agents tout à fait spéciaux.

Les partisans de l'ancienne manière de procéder font observer que les élèves sortis depuis quelques années de l'école forestière ne sont pas, sous le rapport des travaux d'art, dans les mêmes conditions que les forestiers plus anciens dans le service. La création du cours de constructions à l'école de Nancy leur a permis en effet de recevoir une instruction que l'on s'est efforcé de rendre aussi complète que le temps qu'on y consacre le permet. Mais, en définitive, tout cela se réduit, à peu de chose près, à des connaissances théoriques. Les élèves, je le veux bien, en savent assez pour devenir plus tard des hommes spéciaux; mais ils ne le deviendront que sous la condition expresse de passer par les épreuves de la pratique à laquelle, sauf ce qui concerne les tracés des routes et la rédaction des devis, ils sont étrangers. Or, je le demande, les travaux nombreux et divers qu'exigent la culture et l'exploitation d'un cantonnement assez bien surveillé, pour que toutes les conditions que l'administration a le droit d'imposer à ses agents dans l'intérêt du domaine soient remplies, laissent-ils aux forestiers le loisir nécessaire pour l'acquérir, cette spécialité dans les travaux d'exécution ; lors même que la partie de forêt qui leur est confiée, leur fournirait, ce qui n'arrivera presque jamais, des occasions fréquentes et diverses d'exercices pratiques ? Évidemment non.

Mais alors, me dira-t-on, à quoi donc a servi la création d'une chaire spéciale de constructions à l'Ecole forestière et pourquoi donner à tous les forestiers des connaissances théoriques à ce sujet, puisqu'un nombre restreint d'entre eux sera appelé à les appliquer ?

Ce serait une étrange erreur de croire que ces connaissances seront sans résultat utile pour l'administration, en tant qu'on les enseignera aux agents placés en dehors du service des travaux d'art. En premier lieu, les agents du service ordinaire, appréciant toute l'étendue de la tâche imposée à leurs anciens condisciples, des rapports de confraternité complète ne cesseront jamais d'exister entre tous ces agents d'origine commune, quoique leurs fonctions ne soient pas les mêmes, et ensuite, dans bien des circonstances, les agents du service ordinaire, avec le secours de leurs connaissances en constructions, pourront donner à leurs collègues des travaux d'art, des renseignements précis et utiles, et leur épargner des recherches longues et fatigantes. On comprend, en effet, que l'agent des travaux d'art d'un arrondissement ne connaisse pas les ressources que chaque cantonnement peut offrir pour les constructions aussi bien que chaque garde général dans son cantonnement respectif. C'est ainsi qu'il sera déjà utilement renseigné sur les points de chaque forêt, où l'on pourra trouver les meilleurs matériaux, sur les passages probablement les plus faciles et les plus convenables à la fois pour le tracé des routes, la vidange et les autres intérêts de la forêt et qu'on lui évitera ainsi une bonne partie des recherches préliminaires, qu'il serait obligé de faire sans leur aide.

On doit encore ajouter à tout cela que, puisque le service des constructions forestières demande une spécialité toute particulière, il faut, pour être appelé à y réussir, avoir des dispositions naturelles à ces sortes de travaux; il faut donc, qu'à l'Ecole, on puisse avant tout reconnaître ceux des élèves que ce genre d'études attire particulièrement, et, pour cela, que tous s'y livrent préalablement.

Il ne me reste plus qu'à répondre en quelques mots à une opinion qui s'est propagée parmi les forestiers et qui consiste à soutenir que si, à la vérité, les gardes généraux n'ont pu jusqu'ici donner assez de temps à l'étude et à la pratique des travaux d'art dans les forêts, il faut l'attribuer à la trop grande étendue des cantonnements, de sorte que si l'on dédoublait ceux-ci, les agents moins fatigués, moins occupés par le service ordinaire, pourraient acquérir la spécialité nécessaire pour diriger et entretenir d'une manière satisfaisante les constructions forestières de leur cantonnement.

Or, indépendamment de l'augmentation de dépense

qu'entrainerait cette multiplication de cantonnements, le résultat le plus immédiat de cette mesure serait précisément un effet inverse de celui que l'on voudrait en tirer. Car, il est évident que pour acquérir la spécialité dans les travaux, il faut que l'agent forestier ait les occasions de s'exercer à la pratique sur un grand nombre de cas différents, et un arrondissement tout entier les lui offrira souvent; mais si au lieu d'un arrondissement tout entier, on ne lui donne plus pour champ à ses études qu'un demi-cantonnement, tout ce qui en résultera, c'est qu'il aura moins de possibilité que jamais de s'exercer à des travaux importants et variés et par conséquent de s'y former.

En outre, quand bien même quelques gardes généraux finiraient par se donner, par exception, et à force de zèle et d'études, une espèce de spécialité pour les travaux de détail, ils n'en seraient pas moins entourés de tous côtés d'agents aussi peu spéciaux que par le passé; somme toute, on n'aurait à peu près rien gagné sous ce rapport.

Et d'ailleurs, une autre spécialité d'un ordre plus élevé devrait être acquise à l'agent qui serait appelé à présider à la rédaction et à l'exécution des grands travaux d'ensemble qui, si l'on veut éviter les fausses manœuvres, doivent précéder les entreprises de détail. On a commencé, en effet, à reconnaître que c'était par les grandes lignes de communications qu'il fallait entamer la solution de l'important problème du transport des bois au meilleur marché possible. Le passage des routes au travers des chaînes de montagne, leurs points d'arrivée jusqu'au fond des vallées, forment un système complet que des gardes généraux isolés, et travaillant chacun dans l'intérêt particulier de leur cantonnement, seraient impuissants à constituer. Qui est-ce donc qui parviendrait à réunir tous leurs efforts en un seul et même faisceau, et vers un but commun, si ce n'est un chef tout spécial et amené par la théorie et une pratique nombreuse à concevoir et à exécuter des projets d'ensemble? Or, cette espèce de chef n'existe pas dans le service ordinaire, il faut donc de distance en distance, comme on l'a déjà fait, des agents d'un grade supérieur, et qui deviendront de plus en plus spéciaux par la pratique, pour donner à un certain nombre d'efforts isolés une résultante commune ? Et cette supériorité de grade paraitrait encore plus indispensable, s'il n'était pas question seulement des voies de terre, et si, en combinant ces voies à celles qu'offre le flottage sur les cours d'eau, il s'agissait de faire passer les bois de toute une grande chaîne de forêts, par une ou plusieurs vallées importantes pour les déverser avec intelligence sur une grande étendue du territoire.

Nous retombons donc toujours, quoiqu'on fasse, sur la convenance du service des travaux d'art tel qu'on a commencé à l'instituer, surtout en le supposant débarrassé de plus en plus, des arpentages dont bon nombre de gardes généraux sont déjà chargés, ou de toute autre combinaison qui donnera les mêmes résultats. En effet ce service étant composé d'hommes choisis parmi les élèves de l'école forestière qui auraient montré le plus de goût et de dispositions naturelles (conditions indispensables pour bien faire) et qui, aussi bien exercés à la pratique qu'à la théorie, rempliraient leurs fonctions avec tout le succès possible. Par son organisation complète on pourrait assurer à la fois l'exécution et l'entretien de tous les travaux nécessaires pour l'établissement normal du transport des bois des forêts de l'Etat. Enfin par ces améliorations, qui d'ailleurs ne portent atteinte à aucun autre intérêt, on arriverait à réaliser des bénéfices immédiats dont il est facile, d'après ce qui a été dit plus haut, de comprendre toute l'importance.